超簡單！包起來烤就完成

小烤箱、平底鍋也OK！世界第一簡單の紙包料理書

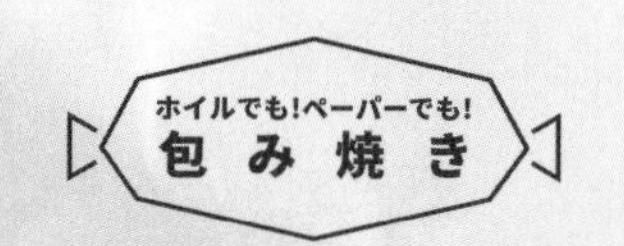

岩崎啟子—著　林于楟—譯

Contents

Chapter 1

肉×蔬菜

Chapter 2

魚×蔬菜

Chapter 3

蔬菜當主角

Chapter 4

豪華大餐

Chapter 5

冷凍常備紙包料理

Chapter 6

甜點

■這本書的基本使用方法

- 1大匙＝15 ml、1小匙＝5 ml、1杯＝200 ml。
- 微波爐的加熱時間以600w為基礎推算，使用500w時請斟酌調整為1.2～1.3倍的時間。
- 書中所寫的調理時間及火力強度為建議值，請依自己家裡調理用具的不同，邊看狀況邊做調整。
- 購買鋁箔紙、烘焙紙前請先確認商品是否可使用於烤箱。
- 請確認您所使用的烤箱、平底鍋、小烤箱是否適合用來製作本書中所介紹的食譜。

什麼是紙包料理？

只需要把材料切好、包好、放下去烤就能完成的簡單料理！
可以使用鋁箔紙或是可用於烤箱的烘焙紙當包材。
也是個在戶外活動野炊時非常方便的料理方法，
不需要道具也不需耗費工夫，非常簡單。

STEP
1

放上去！

將食材切成適當大小，調味後擺到烘焙紙上即可。

STEP
2

包起來！

從5種包法（P.8）選擇喜歡的款式包起來。

示範食譜

羅勒醬烤高麗菜鯖魚

這是示範上述步驟時使用的食譜。
使用羅勒醬創造義大利風味。
可自由將鯖魚更換成其他白肉魚。

■材料（2人份）

日本馬加鰆…日切2片
鹽巴、黑胡椒…各少許
高麗菜…一大片（80g）
小番茄…4個
青椒…2個
羅勒醬（P.64）…半份

紙包料理厲害在這裡！

「烘烤」是像魔法的料理方法！

食材在烘焙紙等包材的包裹中，其本身的水分在密閉空間中循環，創造出烘烤的狀態。因此能將美味濃縮在食材中，調理出鮮美多汁的美味料理。

「打開包裝」時無比驚喜！

雖然只是包好後拿去烤的簡單調理法，在打開包裝時的期待與奮感加持下，稀鬆平常的食材也看起來像是豪華大餐。特別是盛於烘焙紙直接端上桌，更顯豪華。

STEP 3

烘烤！

放進烤箱後，接下來放著不管也沒問題。

STEP 4

打開！

終於完成了。把紙包放在器皿上，帶著期待心情打開包裝吧。

■做法（一人份單獨包裝）

烤箱以200°C預熱。

前置處理 ①鰆魚以鹽巴、黑胡椒調味，高麗菜切粗條，去除小番茄的蒂頭，青椒切成厚5公厘的青椒圈。

包裹 ②將一半高麗菜鋪在烘焙紙上，接著放上一片鰆魚及半份其他蔬菜，鰆魚上淋上羅勒醬後包起；接著製作另外一份。

烘烤 ③放進預熱好的烤箱中烘烤15分鐘。

用什麼包？

「紙包料理」中絕對不可或缺的材料，
當屬鋁箔紙或是烘焙紙。
在此向大家介紹此兩種材料的特徵。

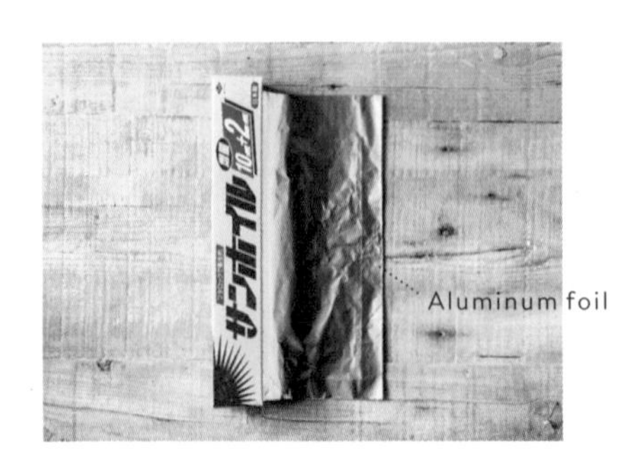

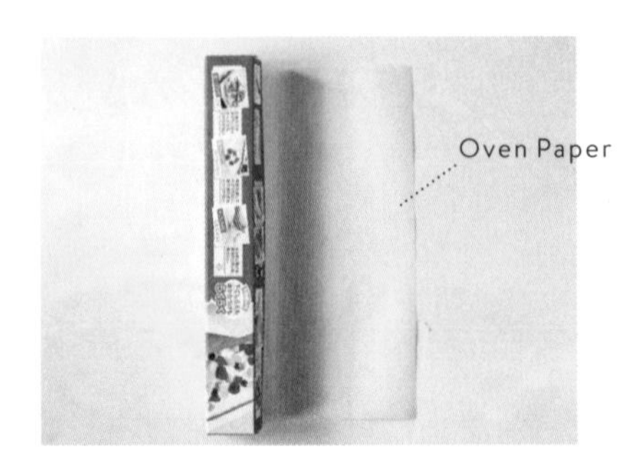

用鋁箔紙包

應該不少人對「鋁箔紙包料理」相當熟悉，這足以說明鋁箔紙是最適合用來做「紙包料理」的材料，實際上，鋁箔紙可以用在所有「紙包料理」的食譜上。
一般市售鋁箔紙規格大多為寬25公分的商品，本書中也是使用此一規格的商品，但其實更推薦大家使用業務用的30公分鋁箔紙。因為此規格不僅寬度夠，也有相當厚度，便於包裹、不易撕裂、容易操作是其最大的優點。此規格商品可於網路商店或是大型賣場購得。
但鋁箔紙容易沾黏食材，建議先塗上一層薄油後再放上食材比較好。

用烘焙紙包

這是一種常使用於烤箱料理的特殊紙張，也稱為「料理紙」。有表面光滑的款式也有表面粗糙的款式，製作紙包料理時，請使用表面粗糙的款式。光滑的款式比較難包裹，且不易定型，可能會出現烘烤途中開口自行打開的狀況。
鋁箔紙的密合度高，所以在製作需要確實熟透的肉塊料理時，請使用鋁箔紙。
只不過，端上餐桌時，食物盛裝在烘焙紙中端上桌比起裝在鋁箔紙中更能創造出「豪華大餐」的感覺。

用什麼烤？

本書中介紹的食譜基本上都是使用烤箱烘烤，但也可以使用平底鍋。各種調理方法皆有其注意事項，在製作前請務必仔細閱讀。

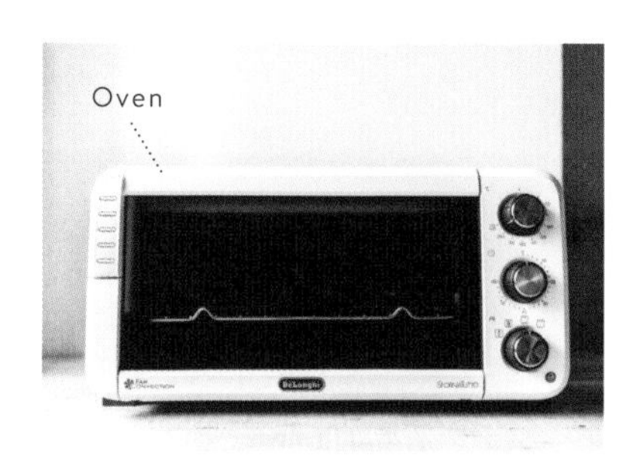

用烤箱烤

烤箱是最適合用來製作紙包料理的工具，包好材料放進烤箱後，接下來就不用管了！連細微的火力調整也不需要。

連前置處理步驟也能在烤箱預熱時做完，不會額外浪費時間這點也讓人非常開心。

不過，烤箱的熱能以及加熱方式因機種不同而有所差異，在抓到自家烤箱的脾氣前，請以食譜上的建議為基準，依實際狀況慢慢調整吧。

也可以使用小烤箱，但是……

使用小烤箱製作時請別使用烘焙紙做為包材，小烤箱的溫度多設定為250℃左右，所以調理時間比本書食譜建議略短即可。

也可使用平底鍋

也可以使用附蓋子的平底鍋烘烤。請務必使用鋁箔紙包裹材料，若是使用烘焙紙，可能出現水氣跑進紙包內的狀況。

使用平底鍋烘烤時

① **加水**
在平底鍋裡加入50ml水，接著把紙包放上去。

▼

② **蓋上蓋子**
紙包料理的重點是蒸烤，所以務必要蓋好蓋子。

▼

③ **開小火**
開小火烘烤，水燒乾時請逐次加50ml。

＊製作「冷凍常備紙包料理」（P105～116）時則不需要加水。

各種包法

在此介紹本書中所使用的5種包法。
除了「豪華包法」之外，皆以一人份為基準。

基本包法

①

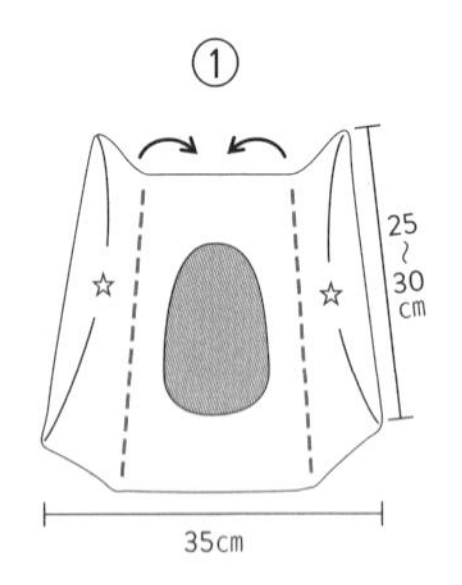

拉出35公分長，把食材放在正中央。

②

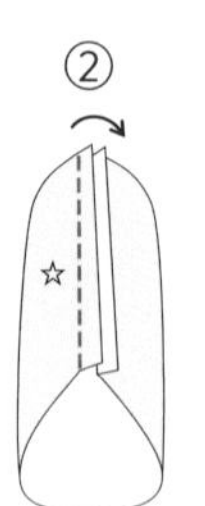

把☆對齊，於距邊緣約1.5公分處折起來。

③

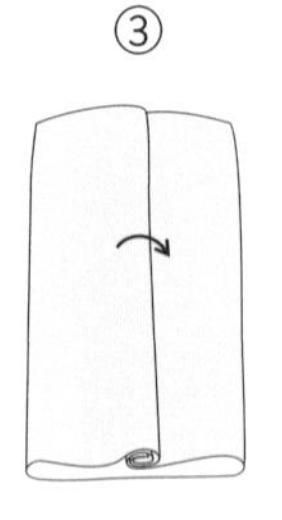

把折起處放平。

④

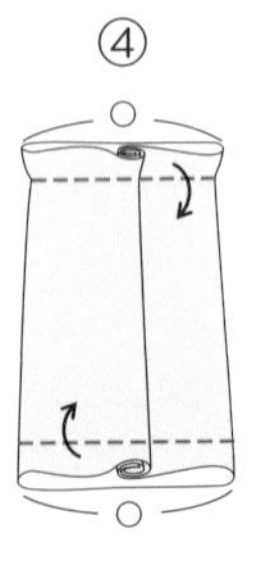

也把○的部分於距邊緣約1.5公分處折起來，確實封好。

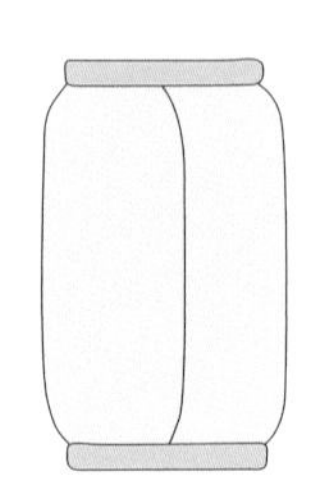

完成！

糖果包法

①

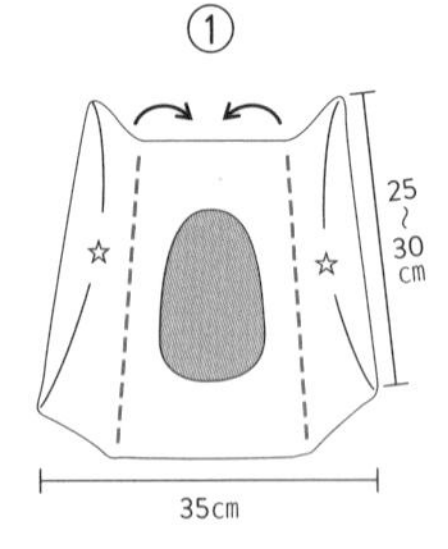

拉出35公分長，把食材放在正中央。

②

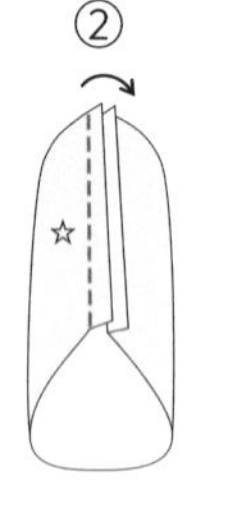

把☆對齊，於距邊緣約1.5公分處折起來。

③

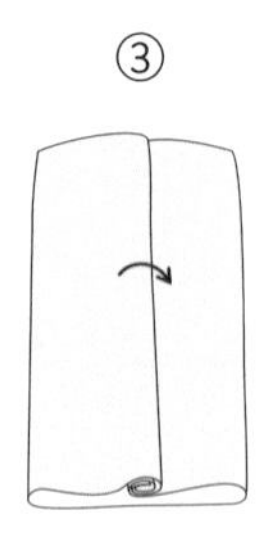

把折起處放平。

④

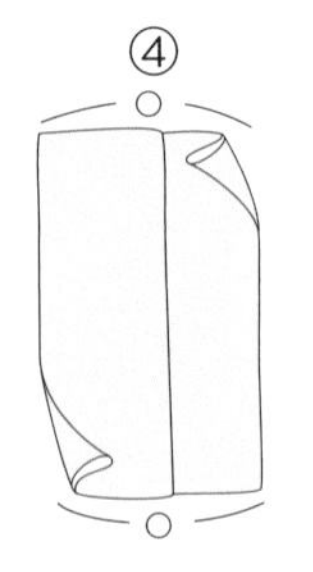

把○的部分捲起來，捲好之後用麻繩等東西綁好後即可製作出可愛的包裝。

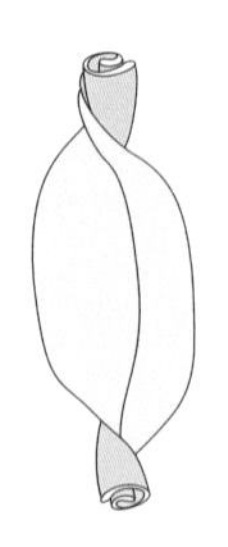

完成！

卡爾佐內包法

①

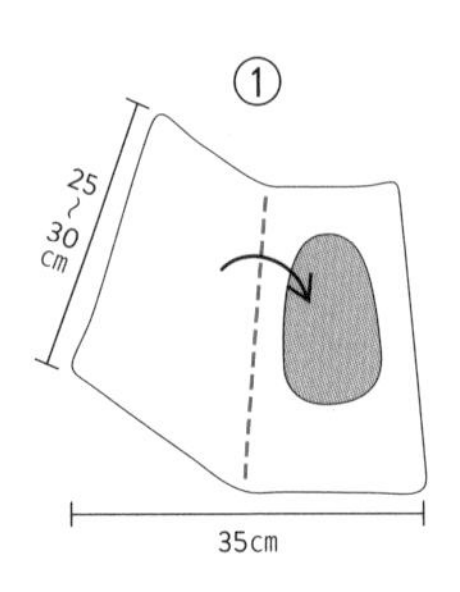

拉出35公分長後對折，接著打開，把食材擺在其中一側後再度對折。

②

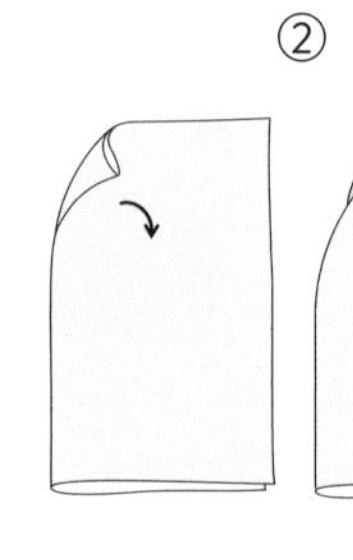

從左邊的角落開始折斜角。

③

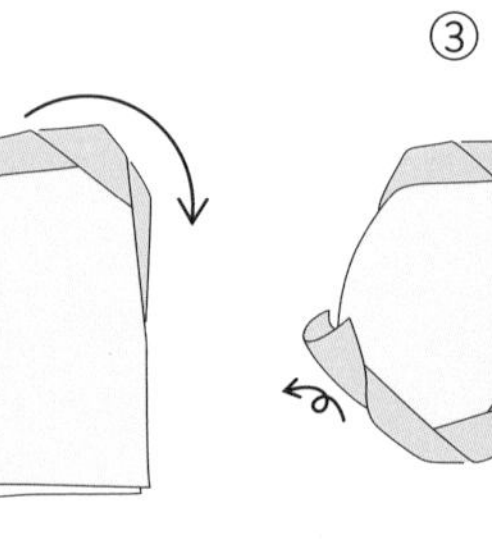

把最後剩下的部分捲起來。

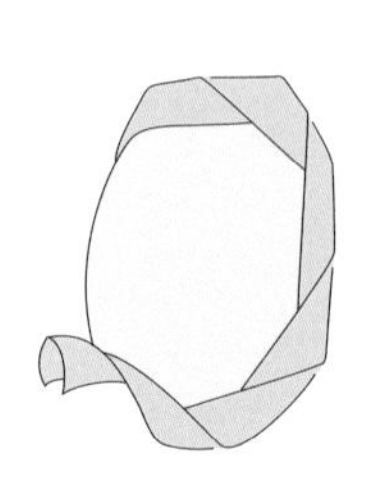

完成！

※所有包法都可以用鋁箔紙或烘焙紙完成。

四角馬尾包法

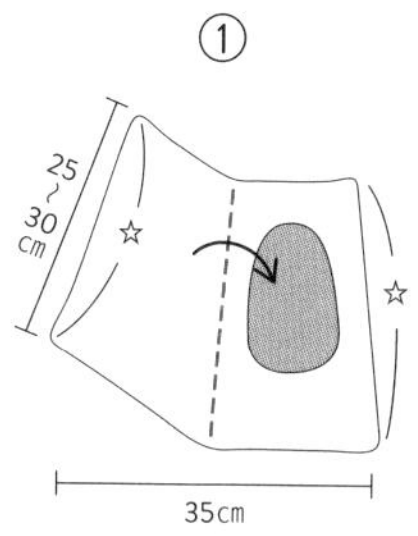

拉出35公分長後對折，打開後把食材擺在其中一側。

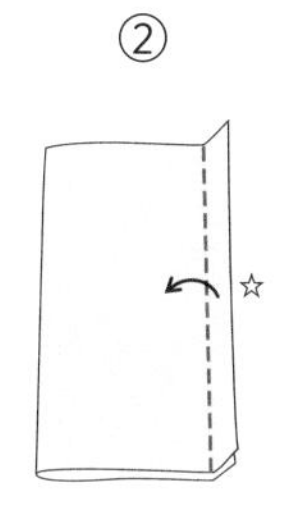

把☆對齊，於距邊緣約1.5公分處折起來。

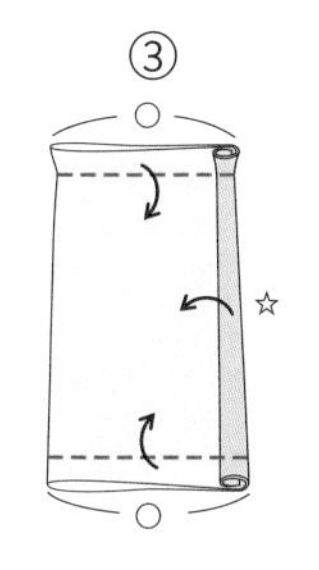

把○的部分於距邊緣約1公分處折起後，☆的部分同樣折起1公分。

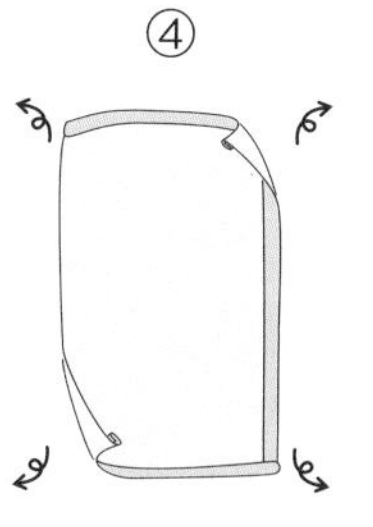

把四個角落捲起來。

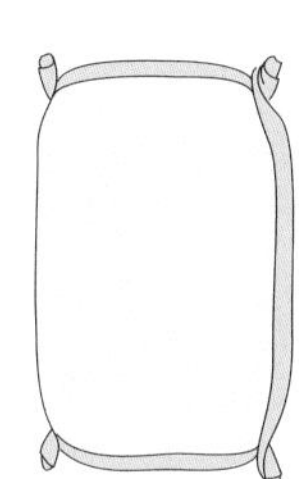

完成！

豪華包法

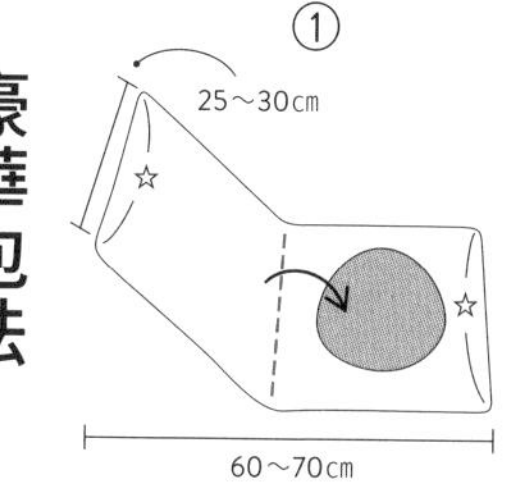

拉出約烤盤兩倍長度的60～70公分，把食材擺在其中一側。

把☆對齊。

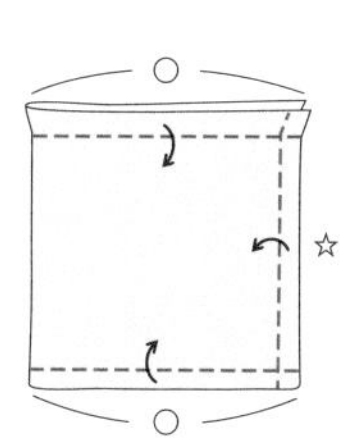

把○的部分於距邊緣約1.5公分處折起，☆的部分同樣折起1.5公分。

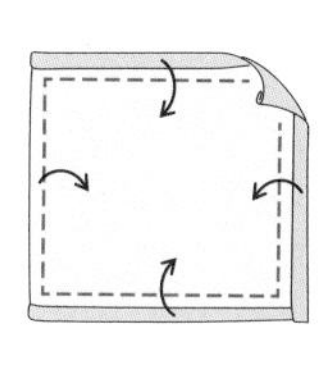

把四邊及角落立起來（預防食物湯汁溢出）。

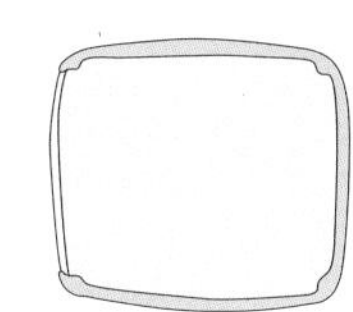

完成！

多加注意打開包裝的方式！

烘烤結束後，包裝內充滿熱蒸氣，所以打開包裝時要小心別燙傷。帶著隔熱手套或是烤箱專用的工作手套處理較安全。

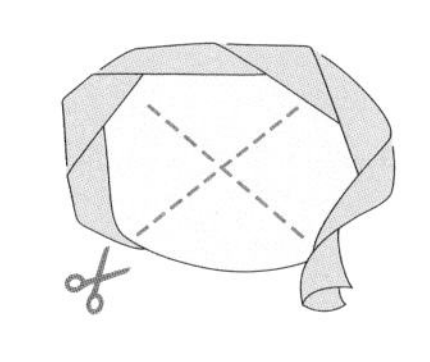

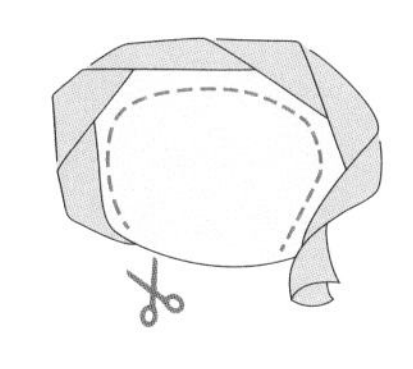

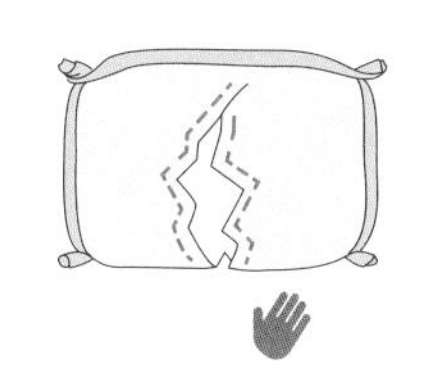

各種打開包裝的方法

從折起的內側往外側慢慢打開包裝、用剪刀在中央剪開十字後打開，或是沿著折起的邊緣剪開等等，有各種打開包裝的方法，也推薦大家可以用手豪邁撕開包裝。

生活中多了紙包料理就能變得如此方便又開心！

① 不需任何技巧，絕對好吃！

完全不需要具備調整火力、注意烘烤程度、加入調味料的最佳時機等技巧，只要照著食譜調味，剩下全部交給烤箱即可。就算是新手也肯定能做出美味的料理。

② 趁著烤箱預熱時間做完前置處理！

用烤箱製作料理時，唯一讓人感到有點麻煩的就是10分鐘左右的預熱時間。但是只要趁預熱時做好前置處理，就能絲毫不浪費時間做好料理。養成「先設定預熱時間」後再做其他事情的習慣吧！

③ 加熱時間＝自由行動時間！

送進烤箱後，手邊工作也告一段落了。不只可以利用這段時間做其他料理，也可以拿來做家事。

④ 無論何時都可以吃到熱騰騰的料理！

因為一人份單獨包裝，所以就算家人回家的時間各不相同，當家人回來時只需要把紙包放進烤箱即可。不是將吃剩的料理加熱，而是可以馬上吃到熱騰騰剛做好的料理。這著實令人開心呢！

⑤ 用油量少，非常健康！

與油炸、煎炒相比，用油量少也是以蒸烤調理的「紙包料理」的特徵之一。

⑥ 需要清洗的廚具數量少！

基本上是以鋁箔紙、烘焙紙取代鍋子或平底鍋做料理，所以需要清洗的鍋碗瓢盆數量很少也是非常便利的一點。

⑦ 只是包起來而已，家常菜看起來也像是豪華料理！

打開紙包那一瞬間彷彿打開禮物一樣。即使是用熟悉的食材製作常見料理，只是換成紙包呈現，彷彿立刻變身為豪華料理，這點真讓人開心呢。

Chapter

1

肉 × 蔬菜

本章將介紹 21 道使用雞肉、豬肉、牛肉、牛豬綜合絞肉及維也納香腸製作的料理。
為了能同時攝取蔬菜，無論哪道食譜皆使用豐富蔬菜，這也是本書的特徵。
紙包料理非常適合拿來烹煮肉品，因為在紙包內暖呼呼的蒸氣中慢慢蒸熟的關係，所以不會乾澀，美味也被濃縮在肉中，可以創造出多汁美味的口感。
特別是雞肉這類的肉會變得更加軟嫩，所以請務必試試看。

200°C

烤箱 15min.

使用鋁箔紙或是烘焙紙

小火

平底鍋 15min.

加水、使用鋁箔紙

建議包法

卡爾佐內包法

橙燒豬肉

脂肪含量少的腰內肉搭配多汁的甜橙，
再搭配香氣清爽的薄荷後，
即能完成一道分量十足且清爽的料理。

■材料（2人份）

豬腰內肉塊…200g

Ⓐ
- 鹽巴…1/4小匙
- 黑胡椒…少許
- 白酒、檸檬汁…各1小匙
- 蜂蜜…1/2小匙

紅蘿蔔…小型1根（120g）

Ⓑ
- 鹽巴…1/8小匙
- 黑胡椒…少許
- 檸檬汁…2小匙
- 蜂蜜…1/2小匙

小型甜橙…1顆

義大利香醋…2小匙

奶油…1大匙

新鮮薄荷…適量

■做法（一人份單獨包裝）

烤箱以200℃預熱。

前置處理 ①把豬肉切成八等分，均勻沾裹均勻混合的Ⓐ後，靜置約5分鐘。

②將紅蘿蔔切成約4公分長的細絲，和Ⓑ均勻混合，甜橙削皮，切成7公厘厚的半圓形。

包裹 ③將半份擦乾水分的紅蘿蔔平鋪在烘焙紙上，接著將4片豬肉與4片甜橙交錯擺在其上，淋上1小匙義大利香醋、放上1/2大匙的奶油後包起來；接著製作另外一份。

烘烤 ④放進預熱好的烤箱中烘烤15分鐘，最後擺上薄荷。

Before

Memo

平鋪在最下方的紅蘿蔔吸收美味的肉汁以及甜橙果汁後，如同酸甜熱沙拉般好吃。細切可以享受鬆軟口感，粗切可以享受有嚼勁的口感。

韓式烤肉

甜辣、確實入味的韓式烤肉，
是一道非常下飯的料理。
吸飽醬料的軟嫩蔬菜也相當美味。

烤箱 200°C 15min.

使用鋁箔紙或是烘焙紙

平底鍋 小火 15min.

加水、使用鋁箔紙

建議包法

四角馬尾包法

■ **材料（2人份）**

牛肉片…200g

Ⓐ
- 醬油…1又1/2大匙
- 砂糖…1/2大匙
- 紅辣椒醬…1小匙
- 蒜頭薄片…2片（切碎）
- 麻油…1小匙
- 鹽巴、黑胡椒…各少許

洋蔥…1/2個（100g）

紅蘿蔔…40g

金針菇…80g

Ⓑ
- 鹽巴、黑胡椒…各少許
- 麻油…1小匙

韭菜…1/2把

白熟芝麻…1/3小匙

■ **做法（2人份包成一包）**

烤箱以200℃預熱。

前置處理 ①把牛肉與Ⓐ均勻混勻；將洋蔥及紅蘿蔔切成細絲，金針菇切掉根部後分成小份，和Ⓑ稍微拌一下；韭菜切成4公分左右長。

包裹 ②將1/3份韭菜以外的蔬菜平鋪在鋁箔紙上，接著放上1/3份牛肉；重複兩次上述順序後放上韭菜、撒上芝麻後再包起來。

烘烤 ③放進預熱好的烤箱中烘烤15分鐘。

Before

Memo

蔬菜鋪在最下方可以避免牛肉沾黏，請把醬汁淋在白飯上一同享用。

印度風辣味炒雞肉蔬菜

切成塊狀的蔬菜經過蒸烤後， 能讓美味濃縮其中。
咖哩優格風味的香辣醬汁可以更加凸顯其美味！

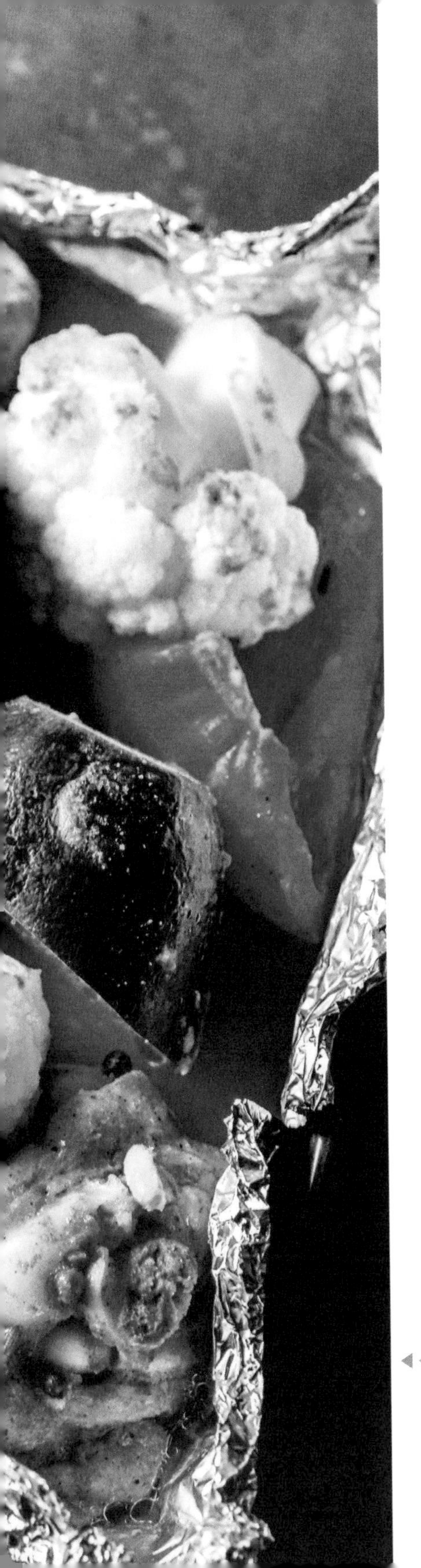

烤箱 210°C 25min.

使用鋁箔紙或是烘焙紙

平底鍋 小火 25min.

加水、使用鋁箔紙

建議包法 **豪華包法**

■材料（3人份）

帶骨雞肉（切塊）…500g
鹽巴…3/4小匙
黑胡椒…少許
原味優格…1/2杯

Ⓐ
- 蒜泥＆生薑泥…蒜泥1/2瓣、生薑泥1/2拇指指節大小的分量
- 印度綜合香料
- 葛拉姆馬薩拉…1小匙
- 咖哩粉…1大匙
- 番茄醬…2小匙
- 紅辣椒…1/2根
- 孜然、香菜粉…各少許

白花椰菜…100g
櫛瓜…1/2根
紅甜椒…1/2個
月桂葉…1片

■做法（3人份包成一包）

烤箱以210℃預熱。

前置處理 ①把優格放在廚房紙巾上，除去其中水分至剩下一半左右的分量（約30分鐘），接著和Ⓐ混勻。

②雞肉以鹽巴、黑胡椒調味，接著與❶混勻後靜置約30分鐘。

③把白花椰菜切小朵，櫛瓜、甜椒滾刀切。

包裹 ④將❷與❸鋪在約70公分長的鋁箔紙上，放上月桂葉之後包起來。

烘烤 ⑤放進預熱好的烤箱中烘烤25分鐘。

Before

Memo

把雞肉換成豬裡脊、旗魚或是鮭魚也很好吃，蔬菜部分，更換成青花菜、西洋芹及蕈菇類也非常合適。

檸檬醬油烤雞中翅

加入檸檬調味能讓雞肉更加軟嫩。

Before

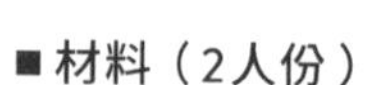

■材料（2人份）

雞翅中段…8根

Ⓐ
- 鹽巴…少許
- 醬油…1又1/2大匙
- 砂糖…1/2大匙
- 薑汁…1/2小匙
- 檸檬汁…1小匙

檸檬切片…4片（再切成半圓形）

日本大蔥…1/2根

荷蘭豆…10個

■做法（一人份單獨包裝）

烤箱以200℃預熱。

前置處理 ①用刀沿著骨頭在雞翅中段劃上幾刀後和Ⓐ混勻，加進檸檬片後醃漬15分鐘左右使其入味。

②日本大蔥切成四等分，荷蘭豆去除粗纖維、剝開豆莢。

包裹 ③把❷和一半的雞翅中段放在烘焙紙上後包起來；接著製作另外一份。

烘烤 ④放進預熱好的烤箱中烘烤20分鐘。

烤箱 200°C 20min.

使用鋁箔紙或是烘焙紙

平底鍋 小火 20min.

加水、使用鋁箔紙

建議包法 **糖果包法**

豬肉蘋果紙包料理

添加肉桂以及丁香的香氣後， 讓風味變得更豐富。

Before

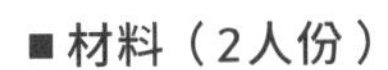

■材料（2人份）

炸豬排用豬裡脊肉…2片

Ⓐ
- 鹽巴…1/4小匙
- 黑胡椒…少許
- 蜂蜜…1小匙
- 醬油…1小匙

紫色洋蔥…1/2個

Ⓑ
- 鹽巴、黑胡椒…各少許
- 橄欖油…1小匙

蘋果…1/4個（100g）

檸檬汁…1小匙

奶油…1大匙

肉桂棒…4公分

丁香（整粒）…2粒

■做法（一人份單獨包裝）

烤箱以200℃預熱。

前置處理 ①一片豬肉切成四等分，和Ⓐ均勻混合。

②洋蔥切薄片，和Ⓑ混勻；蘋果去核後切成1公分左右的蘋果丁，灑上檸檬汁。

包裹 ③先在烘焙紙上鋪上半份洋蔥，放上半份豬肉後撒上半份蘋果，放上1/2大匙奶油、半根肉桂棒、一粒丁香後包起來；接著製作另外一份。

烘烤 ④放進預熱好的烤箱中烘烤15分鐘。

200°C

烤箱 15min.

使用鋁箔紙或是烘焙紙

小火

平底鍋 15min.

加水、使用鋁箔紙

建議包法

卡爾佐內包法

微辣味噌蒸烤南瓜豬肉

鬆軟香甜的南瓜和微辣味噌是絕配組合。

Before

■ **材料（2人份）**

豬肉片…200g

南瓜…150g（去除南瓜籽、絲後的淨重）

Ⓐ
- 豆瓣醬…1/4小匙
- 麻油…1小匙
- 甜麵醬…1小匙
- 醬油…2小匙
- 蒜末…少許

青椒…1個

鹽巴…適量

■ **做法（一人份單獨包裝）**

烤箱以200℃預熱。

前置處理 ①豬肉切成一口大小後，和Ⓐ均勻混合；南瓜切成5公厘厚的月牙形、青椒切成細絲。

包裹 ②把半份南瓜鋪在鋁箔紙上，撒少許鹽，接著放上半份豬肉和青椒後包起來；接著製作另外一份。

烘烤 ③放進預熱好的烤箱中烘烤15分鐘。

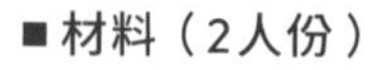

200°C

烤箱 15min.

使用鋁箔紙或是烘焙紙

小火

平底鍋 15min.

加水、使用鋁箔紙

建議包法
基本包法

味噌烤鴻喜菇牛蒡豬肉

確實讓食材沾裹濃郁芝麻風味的味噌醬料。

Before

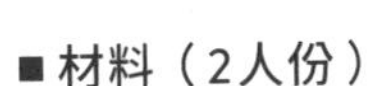

■材料（2人份）

薑燒豬肉用豬肉…200g

Ⓐ
- 熟白芝麻…2小匙
- 味噌…1又1/2大匙
- 味醂…1/2大匙
- 醬油…1小匙
- 砂糖…1/2小匙

牛蒡…100g

Ⓑ
- 麻油…1小匙
- 鹽巴…少許

鴻喜菇…80g

珠蔥…4根

黑芝麻…適量

■做法（一人份單獨包裝）

烤箱以200℃預熱。

前置處理 ①牛蒡削成略厚的薄片過水，把水擦乾後和Ⓑ均勻混合；鴻喜菇切掉根部後分成小朵，珠蔥切成2公分長。

②豬肉切成一口大小後，和攪拌均勻的Ⓐ混勻。

包裹 ③先在烘焙紙放上半份牛蒡、鴻喜菇和豬肉，放上半份珠蔥，撒上些許黑芝麻後包起來；接著製作另外一份。

烘烤 ④放進預熱好的烤箱中烘烤15分鐘。

烤箱 200°C 15min.

使用鋁箔紙或是烘焙紙

平底鍋 小火 15min.

加水、使用鋁箔紙

建議包法 基本包法

紙包豆芽豬五花

紙包芹香小熱狗

紙包豆芽豬五花

榨菜鹽分發揮畫龍點睛效果， 非常適合拿來當下酒菜！

Before

■材料（2人份）

豬五花肉片…100g

Ⓐ 醬油…1小匙
　 黑胡椒…少許

豆芽菜…200g

榨菜…20g

Ⓑ 麻油…1小匙
　 鹽巴、黑胡椒…各少許

■做法（一人份單獨包裝）

烤箱以200℃預熱。

前置處理 ①豬肉切成一口大小，和Ⓐ混合；榨菜切絲。

②把❶、豆芽菜一起和Ⓑ稍微拌一下。

包裹 ③把半份❷放在鋁箔紙上包起來；接著製作另外一份。

烘烤 ④放進預熱好的烤箱中烘烤15分鐘。

烤箱 200°C 15min.

使用鋁箔紙或是烘焙紙

平底鍋 小火 15min.

加水、使用鋁箔紙

建議包法 基本包法

紙包芹香小熱狗

魚露與辣椒味道鮮明的微辣異國風味料理。

Before

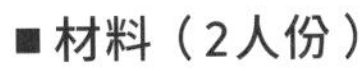

■材料（2人份）

維也納香腸…6根

西洋芹…1根

香菜…10g

紅辣椒…1/2根

魚露…1又1/2小匙

黑胡椒…少許

■做法（一人份單獨包裝）

烤箱以200℃預熱。

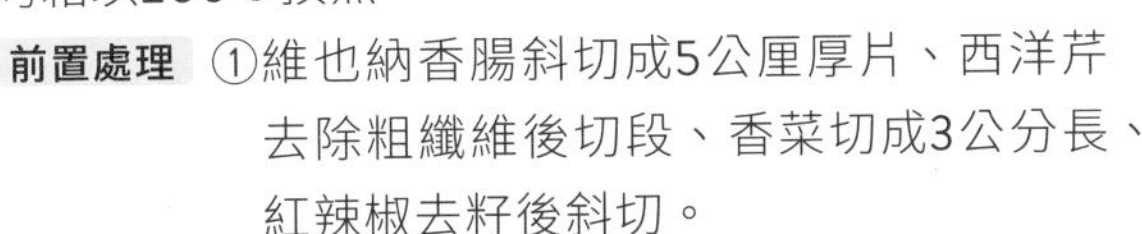

前置處理 ①維也納香腸斜切成5公厘厚片、西洋芹去除粗纖維後切段、香菜切成3公分長、紅辣椒去籽後斜切。

包裹 ②把半份❶放在鋁箔紙上，淋上魚露、撒上黑胡椒，稍微拌一下後包起來；接著製作另外一份。

烘烤 ③放進預熱好的烤箱中烘烤15分鐘。

烤箱 200°C 15min.

使用鋁箔紙或是烘焙紙

平底鍋 小火 15min.

加水、使用鋁箔紙

建議包法 基本包法

200°C

烤箱　15min.

使用鋁箔紙

小火

平底鍋　10min.

不加水、使用鋁箔紙。
時不時需要翻面，加蓋烘烤。

建議包法
糖果
包法

蒸烤中東串燒蔬菜棒

用絞肉包起三種蔬菜棒，
製作出咖哩風味的健康串燒蔬菜棒。
是非常適合搭配啤酒的異國風味料理。

■材料（2人份）

Ⓐ
- 牛豬綜合絞肉…200g
- 鹽巴…1/3小匙
- 黑胡椒…少許
- 咖哩粉…1小匙
- 蒜泥…少許
- 生薑泥…少許
- 洋蔥末…30g
- 孜然、香菜粉…各少許
- 番茄醬…1/2大匙
- 雞蛋…1/2個

紅蘿蔔…2根切成1公分方形×12公分長的蔬菜棒
綠蘆筍…2根
西洋芹……2根切成1公分方形×12公分長的蔬菜棒

■做法（一根一根獨立包裝）

烤箱以200℃預熱。

前置處理 ①用保鮮膜包好紅蘿蔔後放進微波爐（600w）加熱30秒；蘆筍去除老硬部分、去皮。

②把Ⓐ放進大碗中，混合搓揉至出現黏性為止，接著分成六等分。接著包覆❶的蔬菜及西洋芹，兩端要留一點不包肉。

包裹 ③剪下6張10×15公分左右的鋁箔紙，把❷一個一個像糖果一樣包起來。

烘烤 ④放進預熱好的烤箱中烘烤15分鐘。

Before

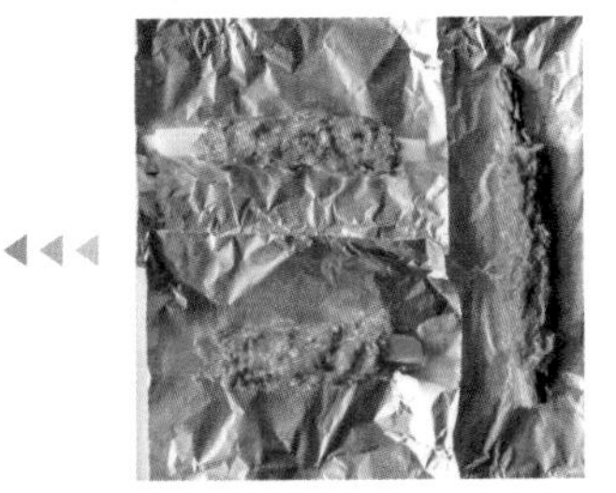

Memo

別將多根蔬菜棒包在一起，一根用一張鋁箔紙緊密包起後再放進烤箱烤。

200°C

烤箱 20min.

使用鋁箔紙或是烘焙紙

小火

平底鍋 20min.

加水、使用鋁箔紙

建議包法

基本包法

蒸烤高麗菜卷

用番茄汁可以蒸烤出鬆軟多汁的高麗菜卷。
和利用燉煮法煮出來的高麗菜卷不同，
美味不會流失在湯汁當中，
這也是紙包料理的優點！

■材料（2人份）

牛豬綜合絞肉…200g

Ⓐ 鹽巴…1/5小匙
　黑胡椒、肉荳蔻…各少許

洋蔥…40g

奶油…1小匙

高麗菜…2大片

鹽巴、黑胡椒…各少許

培根…1片

番茄…小顆1顆

Ⓑ 橄欖油…2小匙
　鹽巴、黑胡椒…各少許

■做法（一人份單獨包裝）

烤箱以200℃預熱。

前置處理 ①將洋蔥切碎後和奶油一起放進容器裡，蓋上保鮮膜放進微波爐（600w）加熱40秒；高麗菜用保鮮膜包好後放進微波爐（600w）加熱1分鐘，放涼後去梗，用鹽巴、黑胡椒調味（切除的菜梗先保留）。

②把絞肉和Ⓐ放進大碗中攪拌，接著放進放涼的洋蔥繼續攪拌。

③把高麗菜葉攤開，放上一半菜梗和❷後包起來；培根寬度切半後捲在高麗菜卷外，剩下的也以相同步驟處理。

④番茄去籽、去蒂頭，切丁塊。

包裹 ⑤把半份❹鋪在鋁箔紙上，放上一個❸，撒上半份Ⓑ後包起來；接著製作另外一份。

烘烤 ⑥放進預熱好的烤箱中烘烤20分鐘。

Before

Memo

高麗菜卷可以搭配拌入切碎香芹的奶油飯，除此之外，也很適合搭配味道濃郁、清爽鮮美的番茄醬。

顆粒黃芥末醬烤
高麗菜雞肉

Before

黃芥末醬和美乃滋組合出綿密口感。

■材料（2人份）

雞腿肉…一大片
鹽巴a…1/5小匙
黑胡椒…少許
高麗菜…2片
鹽巴b…少許
Ⓐ 顆粒黃芥末醬…2小匙
美乃滋…2大匙

■做法（一人份單獨包裝）

烤箱以200℃預熱。

前置處理 ①雞肉切成一口大小，以鹽巴a和黑胡椒調味；高麗菜切成隨意大小，撒上鹽巴b。

包裹 ②在鋁箔紙鋪上半份高麗菜，放上半份雞肉；將Ⓐ攪拌均勻，取半份淋在雞肉上後包起來；接著製作另外一份。

烘烤 ③放進預熱好的烤箱中烘烤15分鐘。

烤箱 200°C 15min.
使用鋁箔紙或是烘焙紙

平底鍋 小火 15min.
加水、使用鋁箔紙

建議包法
四角馬尾包法

香草烤蓮藕豬肉

使用大量時蘿， 其香氣發揮了絕佳的襯托作用。

Before

■材料（2人份）

豬腰內肉…200g
鹽巴…1/3小匙
黑胡椒…少許
蓮藕…150g
蒜頭…1/4瓣
Ⓐ
- 橄欖油…1大匙
- 鹽巴…1/5小匙
- 黑胡椒…少許

時蘿a…2根
時蘿b…喜好的分量

■做法（一人份單獨包裝）

烤箱以200℃預熱。

前置處理 ①豬肉切成長條狀，以鹽巴、黑胡椒調味；蓮藕滾刀切成長條狀，蒜頭切成粗蒜末。

包裹 ②在烘焙紙上鋪上半份❶，淋上半份攪拌均勻的Ⓐ，撒上半份的碎時蘿a後包起來；接著製作另外一份。

烘烤 ③放進預熱好的烤箱中烘烤15分鐘，烤好之後在旁佐以切成3公分長的時蘿b。

烤箱 200°C 15min.
使用鋁箔紙或是烘焙紙

平底鍋 小火 15min.
加水、使用鋁箔紙

建議包法
四角馬尾包法

檸檬百里香烤青花牛肉

檸檬能讓牛肉口感變軟嫩， 也能讓口味變清爽！

Before

■材料（2人份）

烤肉用牛肉…200g
鹽巴…1/3小匙
黑胡椒…少許
洋蔥…1/4個
青花菜…60g
檸檬切片…2片
百里香…少許
橄欖油…2小匙

■做法（一人份單獨包裝）

烤箱以200℃預熱。

前置處理 ①洋蔥切薄片、青花菜分小朵；牛肉用鹽巴、黑胡椒調味。

包裹 ②在鋁箔紙上鋪上半份洋蔥，接著擺上半份牛肉和半份青花菜；疊上一片檸檬、半份百里香，淋上一匙橄欖油後包起來；接著製作另外一份。

烘烤 ③放進預熱好的烤箱中烘烤13分鐘。

烤箱 200°C 13min.
使用鋁箔紙或是烘焙紙

平底鍋 小火 13min.
加水、使用鋁箔紙

建議包法
基本包法

烤鑲肉甜椒

使用甜椒當容器後， 不只味道， 連外表也能變得華麗！

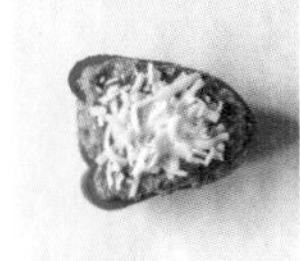

Before

■材料（2人份）

紅甜椒…1個
鹽巴、黑胡椒…各少許
披薩起司…40g

Ⓐ
- 牛豬綜合絞肉…200g
- 鹽巴…1/4 小匙
- 黑胡椒、肉荳蔻…各少許
- 雞蛋…1/2 個

洋蔥…40g（小顆 1/4 顆）
蒜末…少許
橄欖油…1 小匙
新鮮羅勒…2 片（切碎）

■做法（一人份單獨包裝）

烤箱以200℃預熱。

前置處理
①洋蔥切碎後和蒜末一起放進碗中，加入橄欖油蓋上保鮮膜放進微波爐（600w）加熱 40 秒後放涼。
②把Ⓐ放進大碗裡攪拌至出現黏性，接著加入❶和羅勒攪拌。
③甜椒切半、去籽，以鹽巴、黑胡椒調味後，把半份❷塞進其中，撒上 20g 起司，剩下材料也是相同做法。

包裹
④把❸放在烘焙紙上包起來；接著製作另外一份。

烘烤
⑤放進預熱好的烤箱中烘烤 20 分鐘。

烤箱 200°C 20min.
使用鋁箔紙或是烘焙紙

平底鍋 小火 20min.
加水、使用鋁箔紙

建議包法
糖果包法

檸檬鮮奶油烤牛肉

清爽的檸檬鮮奶油可以創造出高雅的風味。

Before

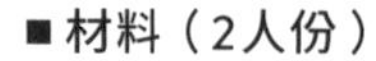

■材料（2人份）

烤肉用牛肉…200g
鹽巴…1/4 小匙
黑胡椒…少許
麵粉…2 小匙
綠蘆筍…4 根
蘑菇…6 個
鴻喜菇…80g

Ⓐ
- 蒜末…少許
- 鹽巴…1/5 小匙
- 黑胡椒…少許

Ⓑ
- 鮮奶油…6 大匙
- 檸檬汁…1 大匙

■做法（一人份單獨包裝）

烤箱以200℃預熱。

前置處理
①將Ⓑ攪拌均勻；牛肉以鹽巴、黑胡椒調味後，撒上麵粉、綠蘆筍切除老硬部分後切成三等分。
②蘑菇切薄片、鴻喜菇去除根部之後分小株，和Ⓐ均勻攪拌。

包裹
③在鋁箔紙上放上半份牛肉、半份綠蘆筍及半份❷，把半份Ⓑ鮮奶油醬放在牛肉上後包起來；接著製作另外一份。

烘烤
④放進預熱好的烤箱中烘烤 15 分鐘。

烤箱 200°C 15min.
使用鋁箔紙或是烘焙紙

平底鍋 小火 15min.
加水、使用鋁箔紙

建議包法
基本包法

梅子醬油烤雞肉

Before

利用柴魚高湯蒸煮出日式風味的雞胸肉。

■材料（2人份）

雞胸肉…200g

Ⓐ
- 鹽巴…1/5 小匙
- 酒…1 小匙

小松菜…60g
蓮藕…80g
裙帶菜…60g
（泡水膨脹後的淨重）

Ⓑ
- 梅子肉…一顆的分量
- 醬油…2 小匙
- 味醂…1 小匙

柴魚片…1/4袋（1g）

■做法（一人份單獨包裝）

烤箱以200℃預熱。

前置處理 ①雞肉斜切成一口大小的薄片，用Ⓐ醃漬入味；小松菜切成 3 公分長，蓮藕切薄片，裙帶菜切成一口大小。
②將Ⓑ混合均勻。

包裹 ③在烘焙紙上放上半份的小松菜、蓮藕及裙帶菜，接著放上半份雞肉；雞肉淋上半份❷、撒上半份柴魚片後包起；接著製作另外一份。

烘烤 ④放進預熱好的烤箱中烘烤 15 分鐘。

烤箱	200°C 15min.	平底鍋	小火 15min.	建議包法
使用鋁箔紙或是烘焙紙		加水、使用鋁箔紙		四角馬尾包法

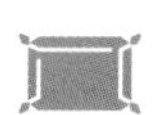

	200°C
烤箱	15min.

使用鋁箔紙或是烘焙紙

	小火
平底鍋	15min.

加水、使用鋁箔紙

建議包法

卡爾佐內包法

微辣番茄烤羔羊鷹嘴豆

鬆軟的鷹嘴豆和風味十足的羔羊肉
搭配豐富蔬菜及香料入爐蒸烤。
以檸檬調味呈現出清爽口味。

■材料（2人份）

羔羊肉片…200g

Ⓐ
- 鹽巴…1/4 小匙
- 黑胡椒…少許
- 咖哩粉…1/2 小匙
- 孜然、香菜粉…各少許
- 蒜頭薄片…2 片（切末）
- 紅辣椒…1根（去籽後切片）
- 橄欖油…2 小匙

鷹嘴豆…50g（煮熟後的淨重）
西洋芹…1/2 根
小番茄…6 個
檸檬片…2 片

Ⓑ
- 鹽巴…1/6 小匙
- 黑胡椒…少許

■做法（一人份單獨包裝）

烤箱以200℃預熱。

前置處理 ①羔羊肉切成一口大小，和Ⓐ均勻攪拌，靜置約 15 分鐘。

②西洋芹去粗纖維後切小塊，番茄去蒂，檸檬片切成四等分；把❶、Ⓑ和鷹嘴豆一起攪拌均勻。

包裹 ③在鋁箔紙上放上半份❷後包起來；接著製作另外一份。

烘烤 ④放進預熱好的烤箱中烘烤 15 分鐘。

Before

Memo

為了讓略帶騷味的羔羊肉更加美味，就要把肉切小塊，輔以香料及檸檬調味使其更容易入口，不加香菜粉也可以。

義大利風味烤豬肉

將義大利羅馬的鄉土料理加以改造成紙包料理！

Before

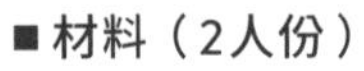

■材料（2人份）

薑燒豬肉用豬裡脊肉…6 片
鹽巴…1/6 小匙
黑胡椒…少許
生火腿…10g
藍乳酪…20g
麵粉…適量
四季豆…80g
橄欖油…2 小匙
（如果有）藥用鼠尾草…2 片

■做法（一人份單獨包裝）

烤箱以200℃預熱。

前置處理 ①豬肉用鹽巴、黑胡椒調味；將生火腿和乳酪分成六等分，每片豬肉放上一份生火腿和乳酪之後對折，撒上薄薄一層麵粉；四季豆去除蒂頭、斜切。

包裹 ②把半份❶放在烘焙紙上，淋上一小匙橄欖油，如果有的話放上一片鼠尾草後包起來；接著製作另外一份。

烘烤 ③放進預熱好的烤箱中烘烤15分鐘。

烤箱 200°C 15min.	平底鍋 小火 15min.	建議包法
使用鋁箔紙或是烘焙紙	加水、使用鋁箔紙	卡爾佐內包法

烤千層白菜豬肉

冬季盛產的大白菜和豬腰內肉是絕對好吃的組合！

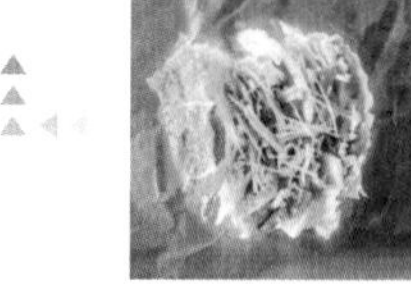
Before

■材料（2人份）

大白菜…4 片
鹽巴…1/4 小匙
豬腰內肉片…200g
Ⓐ 鹽巴…1/5 小匙
Ⓐ 黑胡椒…少許
Ⓐ 醬油…1 小匙
生薑…1/2 拇指指節大小
麻油…2 小匙
酒…2 小匙

■做法（一人份單獨包裝）

烤箱以200℃預熱。

前置處理 ①白菜用鹽調味，豬肉和Ⓐ混合均勻，生薑切絲。
②將白菜與豬肉交疊之後切成約 3 公分的寬度。

包裹 ③把半份❷切口朝上擺在鋁箔紙上，撒上半份薑絲，淋上 1 小匙麻油與 1 小匙酒後包起來；接著製作另外一份。

烘烤 ④放進預熱好的烤箱中烘烤 20 分鐘。

烤箱 200°C 20min.
使用鋁箔紙或是烘焙紙

平底鍋 小火 20min.
加水、使用鋁箔紙

建議包法
四角馬尾包法

中華風味肉丸冬粉

吸飽豬肉和蔬菜美味的彈牙冬粉是極品！

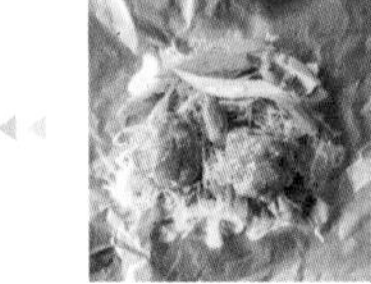

Before

■ **材料（2人份）**

Ⓐ
- 豬絞肉…200g
- 鹽巴、黑胡椒…各少許
- 醬油…1 小匙
- 薑汁…1/2 小匙
- 雞蛋…1/2 個

日本大蔥蔥末…3 公分的分量
香菇…1 朵
乾燥冬粉…30g
青江菜…1 株

Ⓑ
- 蠔油、醬油、麻油…各 1 小匙
- 酒…1 大匙
- 鹽巴、黑胡椒…各少許

■ **做法（一人份單獨包裝）**

烤箱以200℃預熱。

前置處理 ①冬粉泡水軟化；將Ⓐ均勻攪拌，加進日本大蔥後搓成四顆肉丸。
②香菇切成薄片，青江菜斜切成隨意大小，泡軟冬粉切成容易食用的長度，稍微拌一下。

包裹 ③把半份❷放在鋁箔紙上，取半份攪拌均勻的Ⓑ繞圈圈淋在上面，放上兩顆肉丸後包起來；接著製作另外一份。

烘烤 ④放進預熱好的烤箱中烘烤 15 分鐘。

烤箱 200°C 15min.
使用鋁箔紙或是烘焙紙

平底鍋 小火 15min.
加水、使用鋁箔紙

建議包法
基本包法

Chapter

2

魚×野菜

本章將介紹17道使用鮭魚、鰤魚及鯖魚等尋常海鮮食材製作的食譜。

說到鮮魚料理，多數人都會用烤或是燉煮方式來處理，餐桌上看來看去都是那幾道菜。本章中將介紹日式、西式、中式、民族風味等種類豐富的料理，請務必好好活用。

鮮魚運用紙包烘烤方式處理後，不只更加鮮美，魚肉也會很鬆軟，能夠完成口味溫潤的料理。因為絕對會搭配豐富蔬菜，所以營養滿點也均衡。

莎莎醬烤酪梨鮭魚

酪梨加熱後，厚重口味也會變得更濃郁。
搭配微辣的莎莎醬一起食用後，
可以為平常吃慣的鮭魚創造出民族風味的味道。

烤箱 200°C 15min.
使用鋁箔紙或是烘焙紙

平底鍋 小火 15min.
加水、使用鋁箔紙

建議包法
卡爾佐內包法

■ **材料（2人份）**

生鮭魚…日切2片
鹽巴…1/5小匙
黑胡椒…少許
酪梨…小顆1顆
檸檬汁…1小匙
番茄…小顆1顆

Ⓐ
- 蒜頭薄片…1片（切成蒜末）
- 洋蔥末…1大匙
- 橄欖油…1小匙
- 紅辣椒…1/2根（去籽之後切成末）
- 鹽巴…1/5小匙
- 黑胡椒…少許
- 香菜末…少許

■ **做法（一人份單獨包裝）**

烤箱以200℃預熱。

前置處理 ①鮭魚用鹽巴、黑胡椒調味；酪梨切成厚1公分的月牙形，均勻沾裹檸檬汁。
②番茄去蒂、去籽之後切碎，稍微擠乾水分後和Ⓐ一起混合均勻。

包裹 ③將半份❶在烘焙紙上層層堆疊，淋上半份❷後包起來；接著製作另外一份。

烘烤 ④放進預熱好的烤箱中烘烤15分鐘。

Before

Memo

確實均勻沾裹檸檬汁後，可以讓酪梨保持漂亮的鮮綠。

200°C

15 min.

烤箱

使用鋁箔紙或是烘焙紙

小火

15 min.

平底鍋

加水、使用鋁箔紙

建議包法

卡爾佐內包法

奶油乳酪烤蕈菇鰆魚

口味清淡的鰆魚搭配濃郁的奶油乳酪與蕈菇製作而成的醬料，和甜甜的菠菜也十分對味。

■材料（2人份）

日本馬加鰆…日切2片
鹽巴…1/5小匙
黑胡椒…少許
蘑菇…4個
香菇…2朵

Ⓐ
- 奶油乳酪…40g
  ＊請先放置在室溫下回溫放軟。
- 黑胡椒…少許
- 蒜末…少許

菠菜…100g

Ⓑ
- 鹽巴、黑胡椒…各少許
- 橄欖油…1小匙

■做法（一人份單獨包裝）

烤箱以200℃預熱。

前置處理 ①鰆魚用鹽巴、黑胡椒調味；將Ⓐ混合均勻。
②蘑菇切成5公厘厚，香菇切成四等分，和Ⓐ稍微拌一下。
③菠菜切成4公分長，和Ⓑ均勻混合。

包裹 ④把半份❸鋪在烘焙紙上，放上一片鰆魚，接著淋上半份❷後包起來；接著製作另外一份。

烘烤 ⑤放進預熱好的烤箱中烘烤15分鐘。

Before

Memo

把菠菜鋪在最底層能讓菠菜吸飽鰆魚的鮮美湯汁，而菠菜內含的水分則可以將鰆魚蒸烤得口感濕潤。

韓式味噌烤鯖魚

紅辣椒醬和麻油可以為料理增添辛辣與濃郁風味。

Before

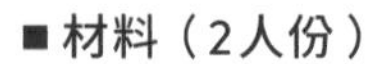

■材料（2人份）

鯖魚…2片
蓮藕…60g
韭菜…1/2把

Ⓐ
- 蒜泥…少許
- 辣椒粉…少許
- 紅辣椒醬…1小匙
- 味噌…1大匙
- 麻油…1小匙
- 酒…2小匙

白熟芝麻…適量

■做法（一人份單獨包裝）

烤箱以200℃預熱。

前置處理 ①在鯖魚皮上斜劃一刀；蓮藕切成半圓形薄片，韭菜切成4公分長度；Ⓐ混合均勻。

包裹 ②在鋁箔紙上塗上少量麻油（食譜分量外），放上半份蓮藕、一片鯖魚，在鯖魚上淋上半份Ⓐ，撒上少量白芝麻，放上半份韭菜後包起來；接著製作另一份。

烘烤 ③放進預熱好的烤箱中烘烤15分鐘。

烤箱 200°C 15min.
使用鋁箔紙或是烘焙紙

平底鍋 小火 15min.
加水、使用鋁箔紙

建議包法
四角馬尾包法

辣醬烤旗魚

以番茄醬為基底製作的速成辣醬大顯身手。

Before

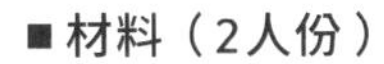

■材料（2人份）

旗魚…2片
鹽巴…1/5小匙
黑胡椒…少許
Ⓐ
- 番茄醬…1又1/2大匙
- 蒜末…少許
- 橄欖油…1小匙
- 辣味調味粉…1小匙

櫛瓜…1/2根
黃甜椒…1/2個

■做法（一人份單獨包裝）

烤箱以200℃預熱。

前置處理 ①旗魚以鹽巴、黑胡椒調味；Ⓐ混合均勻後，均勻沾裹在旗魚上。
②櫛瓜切成5公厘厚的圓片，甜椒切細絲。

包裹 ③在鋁箔紙上塗上少量橄欖油（食譜分量外），把半份的櫛瓜、旗魚、甜椒一個一個交疊擺放後包起來；接著製作另外一份。

烘烤 ④放進預熱好的烤箱中烘烤15分鐘。

烤箱 200°C 15min.
使用鋁箔紙或是烘焙紙

平底鍋 小火 15min.
加水、使用鋁箔紙

建議包法
基本包法

烤山藥泥鮭魚

山藥別搗太細， 留下些許口感是重點之一。

Before

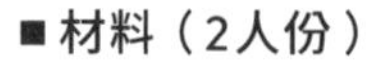

■材料（2人份）

生鮭魚…日切2片

Ⓐ ┌ 梅子肉…2顆分量
　 └ 醬油、味醂…各1小匙

舞菇…80g

獅子唐青椒仔…4根

紅蘿蔔…40g

山藥…100g

鹽巴…少許

■做法（一人份單獨包裝）

烤箱以200℃預熱。

前置處理 ①Ⓐ混合之後，均勻沾裹在鮭魚上。

②舞菇分小朵，獅子唐青椒仔稍微切掉蒂頭，紅蘿蔔切成厚2公厘的長條狀；山藥放進塑膠袋裡，用擀麵棒等物品敲碎，接著加入鹽巴均勻混合。

包裹 ③把半份紅蘿蔔和舞菇堆疊在烘焙紙上、放上一片鮭魚、淋上半份山藥、放上兩根獅子唐青椒仔後包起來；接著製作另外一份。

烘烤 ④放進預熱好的烤箱中烘烤15分鐘。

烤箱　200°C　15min.

使用鋁箔紙或是烘焙紙

平底鍋　小火　15min.

加水、使用鋁箔紙

建議包法

四角馬尾包法

柚子風味醬油烤蕪菁鰤魚

當季鰤魚的脂肪相當豐富，這道菜可以在想要品嘗清爽口味時使用。

Before

■材料（2人份）

鰤魚…2片
鹽巴a…少許
Ⓐ 醬油…1大匙
　 味醂…2小匙
　 柚子皮絲…少許
蕪菁…2個
蕪菁葉…40g
鹽巴b…少許

■做法（一人份單獨包裝）

烤箱以200℃預熱。

前置處理 ①鰤魚撒上鹽巴a，接著均勻沾裹混勻的Ⓐ後靜置約10分鐘。

②蕪菁削皮後切1公分厚片，蕪菁葉切成4公分長。

包裹 ③把半份蕪菁和半份蕪菁葉鋪在烘焙紙上，撒上鹽巴b，放上一片鰤魚後包起來；接著製作另外一份。

烘烤 ④放進預熱好的烤箱中烘烤15分鐘。

烤箱 200°C 15min.
使用鋁箔紙或是烘焙紙

平底鍋 小火 15min.
加水、使用鋁箔紙

建議包法
基本包法

200°C

烤箱 15min.

使用鋁箔紙或是烘焙紙

小火

平底鍋 15min.

加水、使用鋁箔紙

建議包法

基本包法

美乃滋鱈魚親子燒

味道清淡的鱈魚子與美乃滋結合後，
就能變身為濃郁口味。
魚卵粒粒分明的口感也很有趣。
搭配豐富的小松菜以及蕈菇。

■材料（2人份）

鱈魚…2片
鹽巴…1/6小匙
酒…1小匙
金針菇…100g
小松菜…100g
鱈魚子…30g
Ⓐ 美乃滋…3大匙
　 麻油…1/2小匙
七味辣椒粉…適量

■做法（一人份單獨包裝）

烤箱以200℃預熱。

前置處理 ①鱈魚去魚皮，撒上鹽巴和酒；金針菇切掉根部，切成3公分長，小松菜也切成3公分長。

②鱈魚子去除薄皮後，弄鬆散，接著和Ⓐ均勻混合。

包裹 ③把半份金針菇與半份小松菜放在烘焙紙上，接著放上一片鱈魚、淋上半份❷、撒上一點七味辣椒粉後包起來；接著製作另外一份。

烘烤 ④放進預熱好的烤箱中烘烤15分鐘。

Before

Memo

把蔬菜類鋪在鱈魚下方的另外一個目的，是為了要讓蔬菜吸滿鱈魚的美味湯汁，用日本馬加鰆製作也非常好吃。

200°C

15min.

烤箱

使用鋁箔紙或是烘焙紙

小火

15min.

平底鍋

加水、使用鋁箔紙

建議包法

基本包法

柚子味噌起司烤牡蠣豆腐

牡蠣的美味成分融入豆腐中，
可以毫無遺漏、盡情享用食材的美味。
加上起司後，馬上變身為美味焗烤。

■材料（2人份）

牡蠣…150g
鹽巴、黑胡椒…各少許
板豆腐…1/2塊（150g）
珠蔥…1/2把
鴻喜菇…80g
Ⓐ
- 味噌…1又1/2大匙
- 味醂、酒…各1小匙
- 柚子胡椒…1/4小匙

披薩用起司…40g

■做法（一人份單獨包裝）

烤箱以200℃預熱。

前置處理
①豆腐以餐巾紙包好後用盤子等重物加壓約15分鐘擠水，切成六等分。
②牡蠣撒上些許鹽巴（食譜分量外），稍微搓揉一下後沖洗乾淨；徹底擦乾後，用鹽巴、黑胡椒調味。
③珠蔥切成3公分長度，鴻喜菇去除根部後分小朵；將Ⓐ混合均勻。

包裹
④在鋁箔紙上塗上薄薄一層油（食譜分量外），鋪上半份珠蔥，疊上半份豆腐和牡蠣，淋上半份Ⓐ，撒上20g起司，旁邊放上半份鴻喜菇後包起來；接著製作另外一份。

烘烤
⑤放進預熱好的烤箱中烘烤15分鐘。

Before

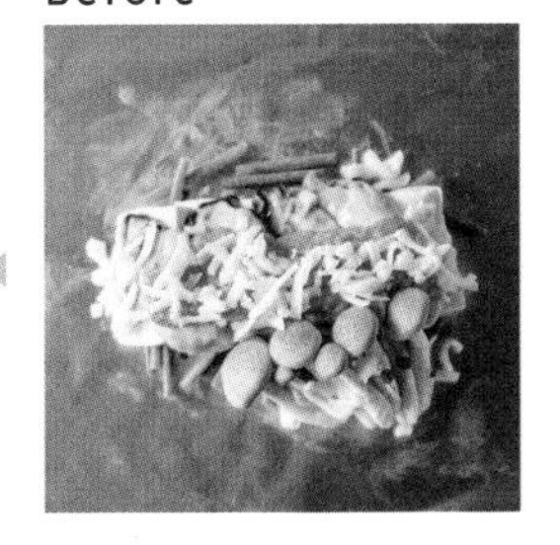

Memo

珠蔥容易沾黏在鋁箔紙上，豆腐很容易碎裂，所以請務必要依「塗油→珠蔥→豆腐」的順序堆疊。

泰式烤鳳梨蝦

鳳梨的甜和魚露的鹹共舞出泰式風味。

Before

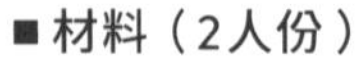

■材料（2人份）

鮮蝦…200g
鹽巴、黑胡椒…各少許
西洋芹…1根
鳳梨…100g
紅辣椒…1根

Ⓐ
- 魚露…2小匙
- 砂糖…1/2小匙
- 檸檬汁…2小匙
- 橄欖油…1小匙
- 蒜末…少許
- 黑胡椒…少許
- （依喜好）香菜…適量

■做法（一人份單獨包裝）

烤箱以200℃預熱。

前置處理 ①鮮蝦剝殼、割開蝦背去除沙腸，以鹽巴、黑胡椒調味。

②西洋芹去除粗纖維後切成一口大小，鳳梨也切成一口大小，紅辣椒去籽後細切。

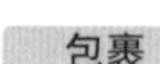

包裹 ③在烘焙紙上依序擺上半份❶和❷，繞圈淋上半份攪拌均勻的Ⓐ後包起來；接著製作另外一份。

烘烤 ④放進預熱好的烤箱中烘烤10分鐘。

烤箱 200°C 10min.	平底鍋 小火 10min.	建議包法
使用鋁箔紙或是烘焙紙	加水、使用鋁箔紙	卡爾佐內包法

蒜味香草奶油烤花枝

蒜味香氣讓這道香草奶油烤花枝呈現法式風味。

Before

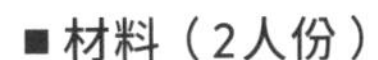

■材料（2人份）

花枝…2小隻
鹽巴、黑胡椒…各少許
高麗菜…1大片
小番茄…4顆
玉米粒…50g　＊使用冷凍玉米時要確實解凍。
杏鮑菇…1根

Ⓐ
- 奶油…2大匙 ＊於室溫中回溫放軟。
- 蒜頭…1/4瓣
- 香芹末…2小匙
- 鹽巴、黑胡椒…各少許

■做法（一人份單獨包裝）

烤箱以200℃預熱。

前置處理 ①花枝去除內臟、剝皮，身體部分切成花枝圈，花枝腳切成方便實用的大小，接著用鹽巴、黑胡椒調味。

②高麗菜切成隨意大小，番茄去蒂；杏鮑菇的蕈柄切成圓片、蕈傘切成四等分；Ⓐ攪拌均勻。

包裹 ③把半份蔬菜擺在烘焙紙上，接著擺上半份花枝，Ⓐ置於正中央後包起來；接著製作另外一份。

烘烤 ④放進預熱好的烤箱中烘烤15分鐘。

烤箱　200°C　15min.
使用鋁箔紙或是烘焙紙

平底鍋　小火　15min.
加水、使用鋁箔紙

建議包法
卡爾佐內包法

烤四川風味冬粉扇貝

利用豆瓣醬和辣椒創造出微辣口感。

Before

■材料（2人份）

熟扇貝肉…200g
鹽巴、黑胡椒…各少許
乾燥冬粉…40g
水煮竹筍…50g
青椒…2個

Ⓐ
- 日本大蔥末…2公分長的分量
- 蒜末…1/4瓣的分量
- 豆瓣醬…1/4小匙
- 麻油…1小匙
- 醬油…1大匙
- 辣椒粉…少許
- 酒、水…各1大匙

■做法（一人份單獨包裝）

烤箱以200℃預熱。

前置處理 ①冬粉泡熱水泡軟後，切成容易食用的長度；竹筍切薄片，青椒切細絲，扇貝以鹽巴、黑胡椒調味；Ⓐ混合均匀。
②把冬粉、青椒、竹筍和半份Ⓐ拌勻。

包裹 ③把半份❷放在鋁箔紙上，接著放上半份扇貝，繞圈淋上半份Ⓐ後包起來；接著製作另外一份。

烘烤 ④放進預熱好的烤箱中烘烤15分鐘。

烤箱 200°C 15min.
使用鋁箔紙或是烘焙紙

平底鍋 小火 15min.
加水、使用鋁箔紙

建議包法
基本包法

蒜油烤青花蛤蠣

白酒與蛤蠣高湯恰到好處地結合， 創造出絕品美味。

Before

■材料（2人份）

蛤蠣…300g
青花菜…100g
蒜頭…1/2瓣
罐頭鯷魚…1片
Ⓐ 橄欖油…2小匙
　 白酒…4小匙
鹽巴、黑胡椒…各適量

■做法（一人份單獨包裝）

烤箱以200℃預熱。

前置處理 ①蛤蠣連殼一起互相搓洗乾淨，青花菜分成小朵；蒜頭切薄片。
②鯷魚剁細，和Ⓐ均勻混合。

包裹 ③把半份❶放在鋁箔紙上，繞圈淋上半份❷，撒上少許鹽巴、黑胡椒之後包起來；接著製作另外一份。

烘烤 ④放進預熱好的烤箱中烘烤20分鐘。

烤箱 200°C 20min.
使用鋁箔紙或是烘焙紙

平底鍋 小火 20min.
加水、使用鋁箔紙

建議包法
四角馬尾包法

烤箱　200°C　15min.
使用鋁箔紙或是烘焙紙

平底鍋　小火　15min.
加水、使用鋁箔紙

烤橄欖旗魚

建議包法
四角馬尾包法

使用大量黑橄欖將旗魚妝點成成熟感的簡單風味。
和新鮮的羅勒香氣也十分契合。

■材料（2人份）

旗魚…2片

Ⓐ
- 鹽巴…1/6小匙
- 黑胡椒…少許
- 醬油…1小匙

紅甜椒…1/2個

青花菜…60g

Ⓑ
- 無籽黑橄欖…30g
- 橄欖油…2小匙
- 蒜末…少許
- 鹽巴、黑胡椒…各少許

新鮮羅勒…適量

■做法（一人份單獨包裝）

烤箱以200℃預熱。

前置處理 ①旗魚均勻沾裹Ⓐ；Ⓑ的黑橄欖切成粗末後和Ⓑ剩下的材料混合均勻。
②甜椒滾刀切成隨意大小，青花菜分小朵。

包裹 ③在鋁箔紙上塗上薄薄的橄欖油（食譜分量外），放上1片旗魚和半份❷，淋上半份Ⓑ後包起來；接著製作另外一份。

烘烤 ④放進預熱好的烤箱中烘烤15分鐘。

Before

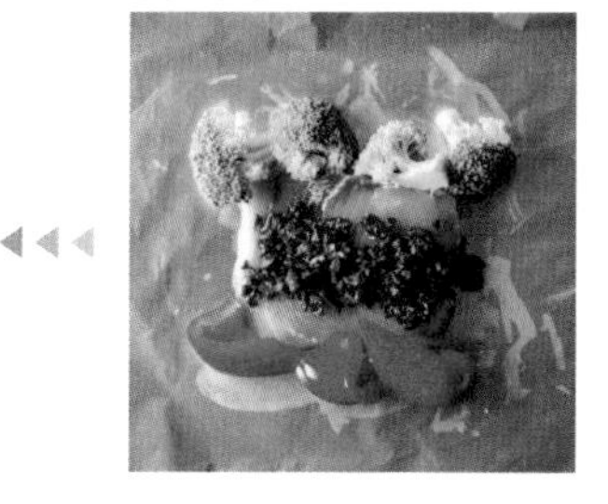

Memo

其他也可搭配小番茄、綠蘆筍、蕈菇類等蔬菜。使用色彩鮮豔的蔬菜，在打開包裝時更能帶給人華麗的印象。

北海道鏘鏘燒風味烤鮭魚

蒜味味噌美乃滋和鮭魚是深受歡迎的組合！

Before

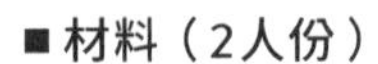

■材料（2人份）

生鮭魚…日切2片
鹽巴、黑胡椒…各少許
高麗菜…1片
洋蔥…1/4個
紅蘿蔔…50g
豆芽菜…100g
Ⓐ
- 味噌…1大匙
- 蒜泥…少許
- 味醂…1小匙
- 美乃滋…2小匙

奶油…1小匙

■做法（一人份單獨包裝）

烤箱以200℃預熱。

前置處理 ①鮭魚以鹽巴、黑胡椒調味。
②高麗菜切粗條、洋蔥切薄片、蒜頭切薄圓片；Ⓐ均勻混合。

包裹 ③鋁箔紙塗上1/2小匙奶油，鋪上半份豆芽菜和半份❷的蔬菜，放上一片已調味的鮭魚❶，半份Ⓐ淋在鮭魚上後包起來；接著製作另外一份。

烘烤 ④放進預熱好的烤箱中烘烤15分鐘。

烤箱	200°C 15min.	平底鍋	小火 15min.	建議包法
使用鋁箔紙或是烘焙紙		加水、使用鋁箔紙		 基本包法

火鍋風味烤鱈魚佐柚子醋

把火鍋包進紙包裡， 溫暖人心的溫潤美味。

Before

■材料（2人份）

生鱈魚…2片
鹽巴…1/5小匙
大白菜…2片
日本大蔥…1/2根
香菇…2朵
高湯用昆布…6公分×2片
酒…1大匙
白蘿蔔…100g
柚子醋…2大匙

■做法（一人份單獨包裝）

烤箱以200℃預熱。

前置處理 ①一片鱈魚切成三等分，以鹽巴調味；大白菜切成均等大小，日本大蔥斜切，香菇去底部之後切成兩半。

包裹 ②昆布稍微沖洗後鋪在烘焙紙上，接著放上半份❶、繞圈淋上半份酒後包起來；接著製作另外一份。

烘烤 ③放進預熱好的烤箱中烘烤15分鐘。白蘿蔔磨泥後瀝乾水分，和柚子醋均勻混合之後當佐料。

烤箱 200°C 15 min.
使用鋁箔紙或是烘焙紙

平底鍋 小火 15 min.
加水、使用鋁箔紙

建議包法
糖果包法

蔥鹽烤白蘿蔔鰤魚

和粗絲白蘿蔔一同享用， 品嘗其微鹹清爽的風味。

Before

■材料（2人份）

鰤魚…2片
鹽巴a…1/4小匙
白蘿蔔…150g
鹽巴b…1/6小匙
珠蔥…20g
生薑薄片…2片

Ⓐ
- 麻油…2小匙
- 鹽巴…少許
- 粗粒黑胡椒…少許

■做法（一人份單獨包裝）

烤箱以200℃預熱。

前置處理 ①鰤魚用鹽巴a調味；白蘿蔔切成粗絲，和鹽巴b拌勻後靜置約5分鐘後擠乾水分。

②珠蔥細切、生薑切細末，和Ⓐ混合均勻。

包裹 ③烘焙紙擺上半份白蘿蔔和一片鰤魚，淋上❷後包起來；接著製作另外一份。

烘烤 ④放進預熱好的烤箱中烘烤15分鐘。

烤箱 200°C 15min.
使用鋁箔紙或是烘焙紙

平底鍋 小火 15min.
加水、使用鋁箔紙

建議包法
基本包法

蝦味醬油烤豆腐鯛魚

Before

櫻花蝦製作的醬料更加襯托出白肉魚和豆腐的風味。

■材料（2人份）

鯛魚…2片
鹽巴…1/6小匙
板豆腐…1/2塊（150g）
青江菜…1株

Ⓐ
- 櫻花蝦…1大匙（粗略切碎）
- 日本大蔥蔥末…4公分長的分量
- 醬油…1大匙
- 醋…1小匙
- 麻油…1小匙
- 黑胡椒…少許

■做法（一人份單獨包裝）

烤箱以200℃預熱。

前置處理 ①豆腐以餐巾紙包好後用盤子等重物加壓約15分鐘擠水，切成六等分。
②一片鯛魚切成三等分薄片，撒鹽調味；青江菜切成3公分長；Ⓐ均勻混合。

包裹 ③鋁箔紙鋪上半份青江菜，接著把鯛魚和豆腐交疊擺放，淋上半份Ⓐ後包起來；接著製作另外一份。

烘烤 ④放進預熱好的烤箱中烘烤15分鐘。

烤箱 200°C 15min.
使用鋁箔紙或是烘焙紙

平底鍋 小火 15min.
加水、使用鋁箔紙

建議包法
基本包法

即使是相同的食材組合，只要更換醬料，就能創造出完全不同的料理！

紙包料理是很簡單的料理，拿出冰箱裡的魚、肉及蔬菜，隨意組合後即能立刻端出一道料理。
即使使用相同食材，只要更換醬料，就能創造出完全不同的風味，菜單種類豐富，不會一成不變也是其優點之一。舉例來說，晚上準備異國風味餐，午餐可以享用日式口味的餐點，既可簡單吃到美味料理，也可以用完所有食材。

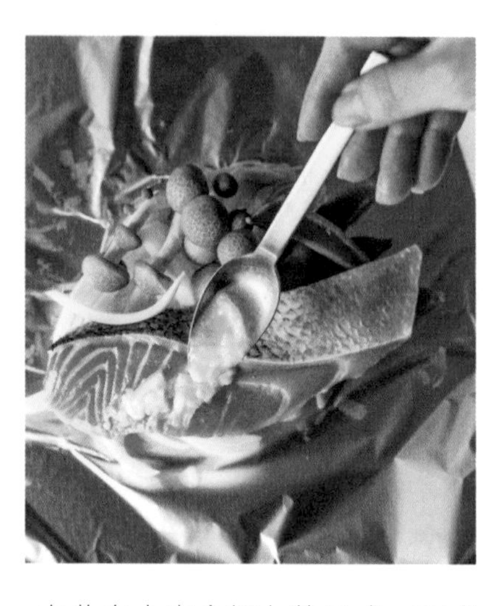

在此向大家介紹九款日式、西式、異國風味的萬能醬料。
每種醬料「只需攪拌均勻」即可製作完成，既簡單，也沒有使用任何奇怪的調味料。要不要馬上打開冰箱一起來製作看看呢？

■萬能醬料（P.64～65）的使用方法

萬能醬料的使用方法非常簡單，無論是肉類、魚類或蔬菜皆可使用。把以鹽巴、黑胡椒調味的食材放在鋁箔紙或是烘焙紙上，均勻淋上喜歡的萬能醬料後送進烤箱烘烤即可。

以
魚類料理
來示範

檸檬鹽麴烤鮭魚

鹽麴醬料可以襯托出魚類及蔬菜的鮮美。

Before

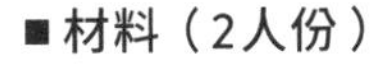

■材料（2人份）

鮭魚⋯日切2片
荷蘭豆⋯50g
洋蔥⋯1/4個
鴻喜菇⋯60g
檸檬鹽麴醬（P.64）⋯半份

■做法（一人份單獨包裝）

烤箱以200℃預熱。

前置處理 ①荷蘭豆去除粗纖維、洋蔥切薄片、鴻喜菇去除根部後分小朵。

包裹 ②把半份❶的蔬菜鋪在鋁箔紙上放上一片鮭魚，淋上半份醬料後包起來；接著製作另外一份。

烘烤 ③放進預熱好的烤箱中烘烤15分鐘。

烤箱 200°C 15min.
使用鋁箔紙或是烘焙紙

平底鍋 小火 15min.
加水、使用鋁箔紙

建議包法
基本包法

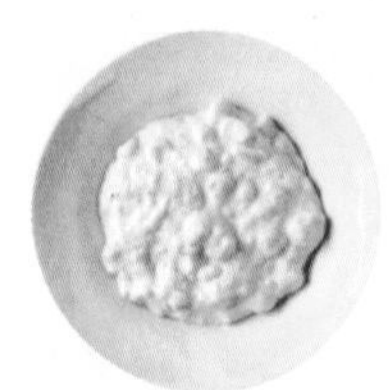

玉米美乃滋醬料

玉米的甜滋味與口感，和美乃滋、起司的濃郁非常契合，組合後創造出深奧風味。

■材料（4人份）

玉米粒…5大匙 ＊使用冷凍玉米時要解凍。

Ⓐ
- 美乃滋…6大匙
- 鹽巴、黑胡椒…各少許
- 帕馬森起司…2小匙

■做法

取一半玉米切碎，接著和Ⓐ均勻混合，最後加入剩下的玉米均勻攪拌。

BBQ炭烤醬

這款香辛醬料微辣的刺激口感與些許甜味可以襯托出食材美味。

■材料（4人份）

番茄醬…4大匙
醬油…2小匙
伍斯特醬…2小匙
洋蔥末…1大匙
蒜末…少許
黑胡椒…少許

■做法

把所有材料均勻混合。

享受日式風味、西式風味、異國風味 紙包料理萬能醬料&醬汁9種變化！

這裡介紹的是調理時所使用的醬料，而非沾醬用的醬料。
每種都可以放進冰箱中保存2～3天，所以多做一點擺著非常方便喔。

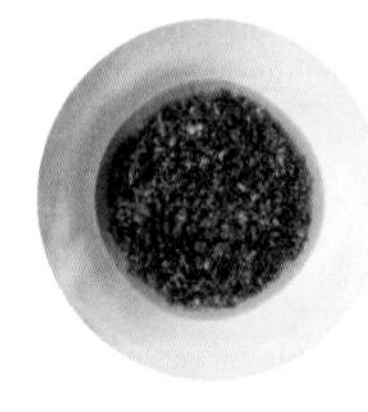

羅勒醬

香芹的香氣可以減少食材本身的特殊味道，除了清爽的感覺之外，也有濃郁香氣。

■材料（4人份）

羅勒…2片
蒜末…少許
帕馬森起司…2小匙
橄欖油…2大匙
鹽巴…1/3小匙
黑胡椒…少許

■做法

羅勒切碎後與其他材料均勻混合。

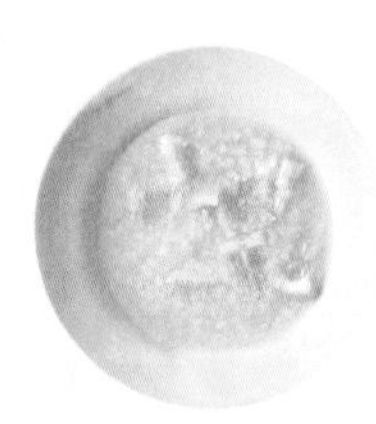

檸檬鹽麴醬料

鹽麴的鮮甜搭配檸檬酸味後創造出清爽口味。

■材料（4人份）

鹽麴…3大匙
味醂…1小匙
檸檬汁…2小匙
檸檬片…2片（切成四等分）

■做法

把所有材料均勻混合。

異國風味花生醬料

這是一款魚露風味明顯的異國風微辣醬料，適用於所有食材。

■材料（4人份）

花生醬（無糖）…2大匙 ＊如果沒有無糖款，也可以使用有糖款。
魚露…2小匙
醬油…1大匙
砂糖…1/2小匙
蒜末…少許
紅辣椒末…少許（去籽）

■做法

把所有材料均勻混合。

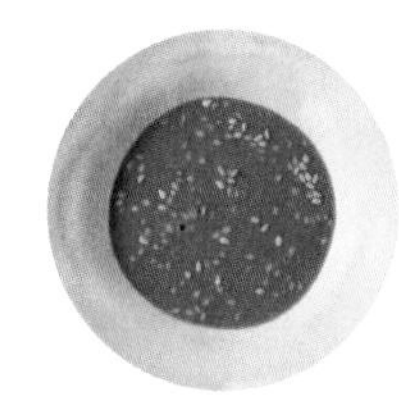

芝麻醬

以醬油為基底的濃郁香醇和風芝麻醬。

■材料（4人份）

芝麻醬…2大匙
砂糖…2小匙
醬油…2大匙
醋…2小匙
白熟芝麻…1小匙

■做法

芝麻醬先與砂糖混合，接著邊少量加進醬油邊攪拌，最後加進醋、熟芝麻均勻混合。

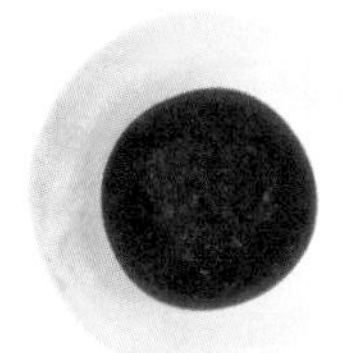

蠔油咖哩醬

蠔油的複雜甜味與咖哩結合後創造出異國風味。

■材料（4人份）

蠔油…2大匙
醬油…1大匙
咖哩粉…1/8小匙
蒜末…1/4瓣分量

■做法

把所有材料均勻混合。

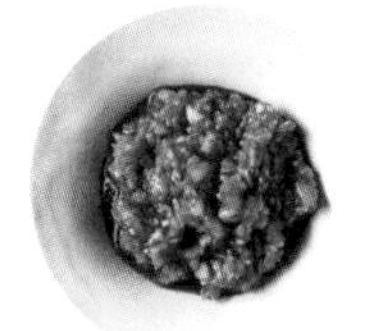

泡菜醬油

加入大量促進食慾、非常下飯的泡菜的醬料。

■材料（4人份）

泡菜…100g
醬油…4小匙
麻油…2小匙
白熟芝麻…1/3小匙
日本大蔥蔥末…2小匙

■做法

泡菜切細，接著和其他材料均勻混合。

香辛佐料醬油

口味麻辣，搭配青紫蘇的香氣製成的和風醬料。

■材料（4人份）

生薑…1個拇指指節大
青紫蘇…10片
紅辣椒…1/2根
Ⓐ 醬油…3大匙
Ⓐ 砂糖…1小匙
Ⓐ 麻油…1小匙

■做法

將生薑、青紫蘇、紅辣椒切碎，接著和Ⓐ均勻混合。

以
肉類料理
來示範

蠔油咖哩烤雞肉青江菜

清淡的雞腿肉與口味刺激的咖哩醬料無比契合。

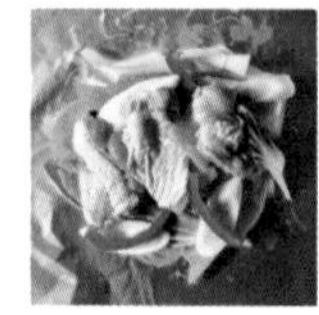
Before

■材料（2人份）

雞腿肉…1大片
紅甜椒…1/4個
青江菜…1株
日本大蔥…1/4根
蠔油咖哩醬（P.65）…半份

■做法（一人份單獨包裝）

烤箱以200℃預熱。

前置處理 ①雞肉切成一口大小，甜椒切絲，青江菜切成4公分長，日本大蔥斜切。

包裹 ②半份❶的蔬菜鋪在鋁箔紙上，放上半份雞肉，淋上半份醬料後包起來；接著製作另外一份。

烘烤 ③放進預熱好的烤箱中烘烤15分鐘。

烤箱 200°C 15min.
使用鋁箔紙或是烘焙紙

平底鍋 小火 15min.
加水、使用鋁箔紙

建議包法
基本包法

Chapter

3

蔬菜當主角

想要再多做一道蔬菜料理！想趁新鮮把蔬菜全部煮完！有這樣的需求時，請務必翻開本章內容。將有17道簡單、毫不費工的料理在本章登場。因為是運用蔬菜本身的水分蒸烤，甜度強烈到讓人驚訝，鮮味也更加明顯。根菜類特別適合用來製作紙包料理。

200°C

烤箱 15min.

使用鋁箔紙或是烘焙紙

小火

平底鍋 15min.

加水、使用鋁箔紙

建議包法

基本包法

起司咖哩烤酪梨

酪梨經過燒烤後會出現彈牙口感，
風味也會變得更加濃郁，是非常受歡迎的調理方法。
在去籽後的凹陷處放上一顆蛋黃，
撒上咖哩粉和起司粉後搖身變為焗烤料理。

■材料（2人份）

酪梨…1顆
鹽巴、黑胡椒…各適量
蛋黃…2個
起司粉…1小匙
咖哩粉…適量

■做法（一人份單獨包裝）

烤箱以200℃預熱。

前置處理 ①酪梨切半去籽，凹陷處撒上少許鹽巴、黑胡椒，放上一顆蛋黃。

②撒上1/2小匙起司粉和少許咖哩粉。

包裹 ③把❷擺在鋁箔紙上之後包起來；接著製作另外一份。

烘烤 ④放進預熱好的烤箱中烘烤15分鐘。

Before

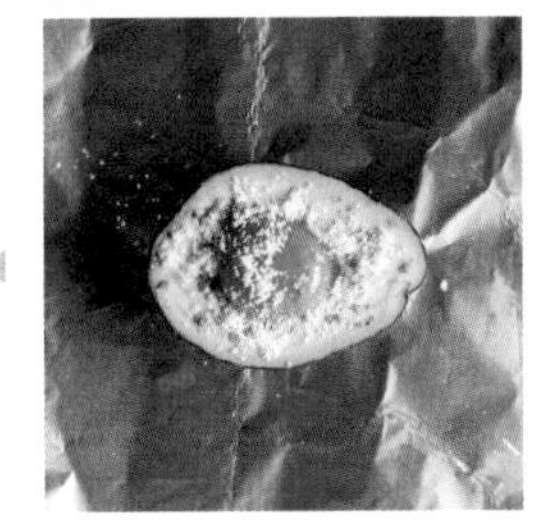

Memo

這是一道「肚子餓時馬上能吃到！」的速食料理，
此外，也是能在招待他人時拿來當成前菜的料理。

200°C

烤箱 30min.

使用鋁箔紙或是烘焙紙

小火

平底鍋 30min.

加水、使用鋁箔紙

建議包法

四角馬尾包法

烤奶油馬鈴薯鯷魚

烤馬鈴薯只要簡單調味就能好吃到讓人欲罷不能，
再奢侈一點， 加上鯷魚搭配吧。

■材料（2人份）

馬鈴薯…2個
罐頭鯷魚…2片
蒜末…少許
奶油…1大匙
＊請先置於室溫回溫放軟。
鹽巴、黑胡椒…各少許

■做法（一人份單獨包裝）

烤箱以200℃預熱。

前置處理 ①馬鈴薯削皮，切成2.5公分厚的月牙形，泡一下水後把水分擦乾。
②鯷魚剁細，和蒜末均勻混合。

包裹 ③把❶鋪在鋁箔紙上，撒上❷；奶油擺在正中央，以鹽巴、黑胡椒調味後包起來；接著製作另外一份。

烘烤 ④放進預熱好的烤箱中烘烤30分鐘。

Before

Memo

沒有罐頭鯷魚時，也可以稍微多撒一點鹽，淋上1/2大匙左右的橄欖油製作，其餘材料不變。

胡椒鹽烤培根高麗菜

Before

為了能好好品味高麗菜的鮮甜， 刻意只做簡單調味。

■材料（2人份）

高麗菜…1/4小顆（200g）
培根…2片
鹽巴…1/4小匙
黑胡椒…少許

■做法（一人份單獨包裝）

烤箱以200℃預熱。

前置處理 ①高麗菜兩等分切成月牙形。

包裹 ②把1個❶放在鋁箔紙上，放上一片培根後撒上1/8小匙鹽巴、少許黑胡椒後包起來；接著製作另外一份。

烘烤 ③放進預熱好的烤箱中烘烤30分鐘。

烤箱 200°C 30min.
使用鋁箔紙或是烘焙紙

平底鍋 小火 30min.
加水、使用鋁箔紙

建議包法
基本包法

卡芒貝爾乾酪烤南瓜

南瓜塗上卡芒貝爾乾酪後享用吧。

Before

■ **材料（2人份）**

南瓜…200g
（去籽、去絲後的淨重）
卡芒貝爾乾酪…40g
鹽巴、黑胡椒…各適量

■ **做法（一人份單獨包裝）**

烤箱以200℃預熱。

前置處理 ①南瓜切成1公分厚的月牙形；卡芒貝爾乾酪切成四等分。

包裹 ②半份南瓜鋪在烘焙紙上，撒上少許鹽巴、黑胡椒，放上兩塊卡芒貝爾乾酪後包起來；接著製作另外一份。

烘烤 ③放進預熱好的烤箱中烘烤20分鐘。

烤箱 200°C 20min.
使用鋁箔紙或是烘焙紙

平底鍋 小火 20min.
加水、使用鋁箔紙

建議包法
糖果包法

義大利香醋醬烤紅蘿蔔
鱈魚子奶油烤蘆筍

義大利香醋醬烤紅蘿蔔

使用義大利香醋醬和檸檬汁創造出酸甜口感。

Before

■材料（2人份）

紅蘿蔔…1根

Ⓐ
- 鹽巴…1/5小匙
- 黑胡椒…少許
- 義大利香醋…1/2大匙
- 檸檬汁…1小匙
- 橄欖油…1小匙

■做法（2人份包成一包）

烤箱以200℃預熱。

前置處理 ①紅蘿蔔細長滾刀切。

包裹 ②把❶鋪在鋁箔紙上，把Ⓐ的材料由上至下依序淋上，稍微拌一下後包起來。

烘烤 ③放進預熱好的烤箱中烘烤10分鐘。

烤箱 200°C 10min.
使用鋁箔紙或是烘焙紙

平底鍋 小火 10min.
加水、使用鋁箔紙

建議包法
基本包法

鱈魚子奶油烤蘆筍

當季蘆筍的新鮮香氣和鱈魚子奶油搭配起來十分契合。

Before

■材料（2人份）

綠蘆筍…8根

鱈魚子…20g

Ⓐ
- 奶油…1大匙
- ＊置於室溫回溫放軟。
- 蒜末…少許

鹽巴、黑胡椒…各少許

■做法（一人份單獨包裝）

烤箱以200℃預熱。

前置處理 ①蘆筍去除老硬部分後，去皮。

②鱈魚子去薄皮後弄散，和Ⓐ均勻混合。

包裹 ③4根❶並排在鋁箔紙上，撒上少許鹽巴、黑胡椒，把半份❷放在蘆筍上後包起來；接著製作另外一份。

烘烤 ④放進預熱好的烤箱中烘烤10分鐘。

烤箱 200°C 10min.
使用鋁箔紙或是烘焙紙

平底鍋 小火 10min.
加水、使用鋁箔紙

建議包法
基本包法

鋁箔紙包烤蕈菇生火腿

Before

這是一道會讓你想配個白酒或啤酒的健康下酒菜。

■材料（2人份）

鴻喜菇…1包
金針菇…1包
生火腿…10g
鹽巴…1/6小匙
黑胡椒…少許
橄欖油…2小匙

■做法（2人份包成一包）

烤箱以200℃預熱。

前置處理 ①鴻喜菇切去根部後分小朵；金針菇切去根部後對半切；生火腿切成一口大小。

包裹 ②將❶鋪在鋁箔紙上，撒上鹽巴、黑胡椒、橄欖油，稍微拌一下後包起來。

烘烤 ③放進預熱好的烤箱中烘烤10分鐘。

烤箱 200°C 10min.
使用鋁箔紙或是烘焙紙

平底鍋 小火 10min.
加水、使用鋁箔紙

建議包法
四角馬尾包法

薑燒高麗菜扇貝罐頭

把扇貝罐頭的湯汁也繞圈淋在高麗菜上能讓美味加倍！

Before

■材料（2人份）

高麗菜…4片
扇貝罐頭…1小罐
生薑…1/2拇指指節大小
Ⓐ
- 酒…2小匙
- 麻油…1小匙
- 鹽巴、黑胡椒…各少許

■做法（2人份包成一包）

烤箱以200℃預熱。

前置處理 ①高麗菜切成隨意大小、生薑切絲。

包裹 ②高麗菜鋪在烘焙紙上，接著擺上扇貝和生薑，撒上Ⓐ後包起來。

烘烤 ③放進預熱好的烤箱中烘烤13分鐘。

烤箱 200°C 13min.
使用鋁箔紙或是烘焙紙

平底鍋 小火 13min.
加水、使用鋁箔紙

建議包法
四角馬尾包法

芝麻柴魚烤青椒

→做法詳見P.80

奶油柴魚烤洋蔥

→做法詳見P.80

鹽烤羅勒小番茄

→做法詳見P.81

柚子胡椒烤山藥

→做法詳見P.81

芝麻柴魚烤青椒

青椒烤軟後更加鮮甜，一轉眼就吃個精光了。

Before

■材料（2人份）

青椒…5個

Ⓐ
- 柴魚片…1/4袋（1g）
- 醬油…2小匙
- 味醂…1小匙
- 白芝麻粉…1小匙
- 麻油…1小匙

■做法（2人份包成一份）

烤箱以200℃預熱。

前置處理 ①青椒去蒂、去籽。

包裹 ②將❶擺在烘焙紙上，淋上Ⓐ後包起來。

烘烤 ③放進預熱好的烤箱中烘烤10分鐘。

烤箱 200°C 10min.
使用鋁箔紙或是烘焙紙

平底鍋 小火 10min.
加水、使用鋁箔紙

建議包法 基本包法

奶油柴魚烤洋蔥

慢慢蒸烤讓洋蔥鬆軟香甜！

Before

■材料（2人份）

洋蔥…1個

柴魚片…1/4袋（1g）

奶油…1大匙

醬油…2小匙

■做法（一人份單獨包裝）

烤箱以200℃預熱。

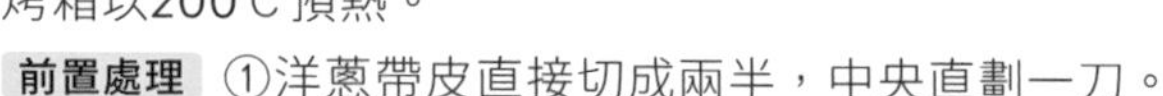

前置處理 ①洋蔥帶皮直接切成兩半，中央直劃一刀。

包裹 ②把❶放在鋁箔紙上，放上半份柴魚片、1/2大匙奶油，淋上1小匙醬油後包起來；接著製作另外一份。

烘烤 ③放進預熱好的烤箱中烘烤30分鐘。

烤箱 200°C 30min.
使用鋁箔紙或是烘焙紙

平底鍋 小火 30min.
加水、使用鋁箔紙

建議包法 基本包法

鹽烤羅勒小番茄

Before

熱熱的番茄味道濃郁， 搭配羅勒是經典組合。

■材料（2人份）

小番茄…16個
新鮮羅勒…2片
鹽巴…少許

■做法（一人份單獨包裝）

烤箱以200℃預熱。

前置處理 ①番茄去蒂、羅勒切碎。

包裹 ②把半份❶擺在烘焙紙上，撒鹽後包起來，接著製作另外一份。

烘烤 ③放進預熱好的烤箱中烘烤8分鐘。

烤箱 200°C 8min. 使用鋁箔紙或是烘焙紙	平底鍋 小火 8min. 加水、使用鋁箔紙	建議包法 四角馬尾包法

柚子胡椒烤山藥

Before

溫熱的鬆軟山藥， 用柚子胡椒調味成微辣口感。

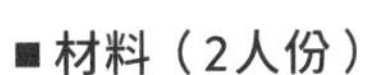

■材料（2人份）

山藥…200g
柚子胡椒…1/4小匙
奶油…2小匙
鹽巴…適量

■做法（一人份單獨包裝）

烤箱以200℃預熱。

前置處理 ①山藥削皮、切成厚1.5公分的圓片。

包裹 ②把半份❶平鋪於鋁箔紙上，撒上少許鹽巴、放上1/8小匙柚子胡椒、1小匙奶油後包起來；接著製作另外一份。

烘烤 ③放進預熱好的烤箱中烘烤20分鐘。

烤箱 200°C 20min. 使用鋁箔紙或是烘焙紙	平底鍋 小火 20min. 加水、使用鋁箔紙	建議包法 基本包法

山椒烤蓮藕

要注意別撒太多山椒粉喔！

Before

■材料（2人份）

蓮藕…150g
鹽巴…1/6小匙
山椒粉…適量

■做法（一人份單獨包裝）

烤箱以200℃預熱。

前置處理 ①蓮藕切成3公厘厚的半圓形，稍微沖水後把水氣擦乾。

包裹 ②把半份❶放在烘焙紙上，撒上1/12小匙鹽巴和少許山椒粉後包起來；接著製作另外一份。

烘烤 ③放進預熱好的烤箱中烘烤15分鐘。

烤箱 200°C 15min.
使用鋁箔紙或是烘焙紙

平底鍋 小火 15min.
加水、使用鋁箔紙

建議包法
糖果包法

烤里芋佐兩種風味鹽

蒸烤至鬆軟的里芋， 搭配芝麻鹽和海苔鹽享用。

Before

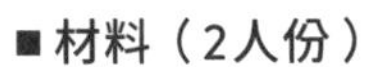

■材料（2人份）

小型里芋…10個

芝麻鹽

Ⓐ 黑芝麻…1/2小匙
　 鹽巴…1/5小匙

海苔鹽

Ⓑ 海苔粉…1/3小匙
　 鹽巴…1/5小匙

■做法（一人份單獨包裝）

烤箱以200℃預熱。

前置處理 ①里芋確實清洗乾淨後，上端稍微切掉使其變平坦。

包裹 ②將5個❶放在烘焙紙上包起來；接著製作另外一份。

烘烤 ③放進預熱好的烤箱中烘烤25分鐘。搭配各自混合均勻的Ⓐ和Ⓑ享用。

烤箱 200°C 25min.

使用鋁箔紙或是烘焙紙

平底鍋 小火 25min.

加水、使用鋁箔紙

建議包法

糖果包法

蒜烤毛豆
辣烤玉米

蒜烤毛豆

Before

比起水煮毛豆，烘烤方法更能將美味濃縮其中，
請務必品嘗看看。

■ 材料（2人份）

毛豆…200g
蒜頭…1/4瓣
紅辣椒…1/2根
Ⓐ［橄欖油…1/2大匙
　 鹽巴…1/4小匙

■ 做法（2人份包成一包）

烤箱以200℃預熱。

前置處理 ①毛豆切去兩端、蒜頭切碎；紅辣椒切半後去籽。

包裹 ②將❶擺在鋁箔紙上，加Ⓐ稍微拌一下後包起來。

烘烤 ③放進預熱好的烤箱中烘烤15分鐘。

烤箱　200°C　15min.
使用鋁箔紙或是烘焙紙

平底鍋　小火　15min.
加水、使用鋁箔紙

建議包法
基本
包法

辣烤玉米

Before

微辣的玉米最適合拿來搭配啤酒！

■ 材料（2人份）

玉米…2根
橄欖油…2小匙
辣味調味粉、鹽巴…各適量

■ 做法（一人份單獨包裝）

烤箱以200℃預熱。

前置處理 ①玉米剝皮後各切成三等分。

包裹 ②將3個❶擺在鋁箔紙上，淋上1小匙橄欖油，撒上些許鹽巴、辣味調味粉後包起來；接著製作另外一份。

烘烤 ③放進預熱好的烤箱中烘烤20分鐘。

烤箱　200°C　20min.
使用鋁箔紙或是烘焙紙

平底鍋　小火　20min.
加水、使用鋁箔紙

建議包法
四角馬尾
包法

烤普羅旺斯燉菜

蔬菜不會完全煮爛還留有口感， 是一道類似熱沙拉的料理。

Before

■ **材料（2人份）**

番茄…1/2個
櫛瓜…1/2根
洋蔥…30g
蒜末…少許
茄子…1根
西洋芹…1/4根
紅甜椒…1/4個
新鮮羅勒…2片

Ⓐ
鹽巴…1/3小匙
黑胡椒…少許
橄欖油…2小匙

■ **做法（一人份單獨包裝）**

烤箱以200℃預熱。

前置處理 ①番茄去蒂、去籽後切丁，其他蔬菜也切大丁塊，接著和蒜頭一起放進大碗裡。
②手撕羅勒後加進❶裡，加進Ⓐ後均勻混合。

包裹 ③將半份❷放在烘焙紙上包起來；接著製作另外一份。

烘烤 ④放進預熱好的烤箱中烘烤15分鐘。

烤箱 200°C 15min.
使用鋁箔紙或是烘焙紙

平底鍋 小火 15min.
加水、使用鋁箔紙

建議包法
卡爾佐內包法

Chapter

4

豪華大餐

本章將要介紹非常適合拿來招待客人的11道食譜。紙包料理的魅力，當屬打開紙包那一瞬間的興奮期待感！這點也非常適合拿來招待客人。
烤牛肉或是烤豬肉這類的肉塊料理，最適合用不會浪費肉汁，把美味全鎖在肉塊當中，呈現出鮮嫩多汁成品的蒸烤方法烹煮！

DAVID MELLOR

200°C

烤箱 18min.

使用鋁箔紙或是烘焙紙

烤紙包漢堡排

小火

平底鍋 18min.

加水、使用鋁箔紙

用紙包方法烹調的漢堡排， 鬆軟多汁如同在店裡品嘗一般。
搭配豐富的蔬菜一起享用吧。

建議包法
四角馬尾包法

■材料（2人份）

Ⓐ
- 牛豬綜合絞肉…300g
- 雞蛋…1/2個
- 生麵包粉…2大匙
- 鹽巴…1/5小匙
- 黑胡椒、肉荳蔻…各少許

洋蔥…50g
奶油a…1小匙
蘑菇…6個
黃甜椒…1/4個
紅蘿蔔…60g
櫛瓜…1/4根
沙拉油…1小匙

Ⓑ
- 紅酒…1大匙
- 多蜜醬汁（市售品）…70g
- 番茄醬…1大匙
- 醬油…1小匙
- 黑胡椒…少許

奶油b…2小匙

■做法（一人份單獨包裝）

前置處理 ①洋蔥切碎，和奶油a一起放進耐熱容器中，用保鮮膜包好後放進微波爐（600w）加熱1分鐘，放涼。

②蘑菇切薄片、甜椒切細絲、紅蘿蔔和櫛瓜切成3公厘厚的圓片。

③把Ⓐ放進大碗中，混合搓揉至出現黏性為止，接著加進❶繼續混合；接著分成兩等分，捏成橢圓形。
烤箱以200℃預熱。

④沙拉油倒進平底鍋中熱油，把❸放進鍋中，煎至兩面呈現出現焦黃顏色後取出；把蘑菇放進平底鍋中稍微炒一下後取出，把Ⓑ倒進鍋中煮至稍微沸騰。

包裹 ⑤在鋁箔紙放上一個❹的漢堡排、半份❷的甜椒、紅蘿蔔、櫛瓜；把半份蘑菇放在漢堡排上，淋上半份❹的醬汁，把1小匙奶油b放在正中央後包起來；接著製作另外一份。

烘烤 ⑥放進預熱好的烤箱中烘烤18分鐘。

Before

Memo

用平底鍋稍微烤過肉排表面，可以預防美味流失，把肉汁鎖在肉排中後再送進烤箱烘烤。

烤箱 200°C 15min.
使用鋁箔紙或是烘焙紙

平底鍋 小火 15min.
加水、使用鋁箔紙

建議包法
糖果包法

胡椒木烤奶油鮮蝦鯛魚

打開紙包的那一瞬間，
胡椒木和奶油的香氣隨著蒸氣竄出。
撒上些許山椒粉後，微辣口感可以收斂風味。

■材料（3人份）

鯛魚…3片
鮮蝦…6隻
Ⓐ
- 鹽巴…1/3小匙
- 酒…2小匙

水煮竹筍…150g
裙帶菜…100g（泡水膨脹後的淨重）
紅蘿蔔…80g
Ⓑ
- 奶油…2大匙
  ＊置於室溫回溫放軟。
- 山椒粉…少許
- 鹽巴…少許

胡椒木…9片
酢橘…1又1/2個

■做法（一人份單獨包裝）

烤箱以200℃預熱。

前置處理 ①鮮蝦去殼去除背部沙腸，和鯛魚一起用Ⓐ調味。
②竹筍切成月牙形、裙帶菜切成一口大小、紅蘿蔔切絲。

包裹 ③在烘焙紙上擺上1/3分量的❶和❷；Ⓑ均勻混合之後，把1/3的量放在鯛魚上，放上3片胡椒木後包起來；接著製作另外兩份。

烘烤 ④放進預熱好的烤箱中烘烤15分鐘。酢橘切半後放在一旁。

Before

Memo
打開紙包的那一瞬間，會讓人感到驚豔的食材擺設也是重點之一，鯛魚改成日本花鱸或是日本馬加鰆也很好吃。

紐澳良風味烤蝦

這是以美國南部料理為靈感製作出的香辣料理。
邊把食材沾滿醬汁邊食用更加好吃喔。

200°C

烤箱 15min.

使用鋁箔紙或是烘焙紙

小火

平底鍋 15min.

加水、使用鋁箔紙

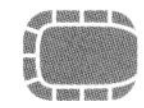

建議包法

豪華包法

■材料（2～3人份）

鮮蝦…300g
鹽巴…1/3小匙
黑胡椒…少許
西洋芹…1根
秋葵…6個
玉米粒…50g
＊使用冷凍玉米時要解凍。

Ⓐ
- 蒜末…1/2瓣的分量
- 百里香、奧勒岡葉…各少許
- 辣味調味粉…1又1/2大匙
- 甜椒粉…1小匙
- 橄欖油…1大匙
- 鹽巴…1/3小匙
- 黑胡椒…少許
- 番茄乾…2個（用溫水泡軟後切碎）

■做法（2～3人份包成一包）

烤箱以200℃預熱。

前置處理 ①用剪刀剪開帶殼鮮蝦，去除沙腸，切口處以鹽巴、黑胡椒調味。

②西洋芹去除粗纖維扣切小塊；秋葵切去蒂頭旁的稜角邊緣，用少許鹽巴（食譜分量外）搓揉之後洗乾淨。

包裹 ③將❶和Ⓐ均勻混合，加入❷和玉米粒後稍微拌一下。

④把❸平鋪在約70公分長的烘焙紙上後包起來。

烘烤 ⑤放進預熱好的烤箱中烘烤15分鐘。

Before

Memo

使用雞肉取代鮮蝦也可以，此時請把燒烤時間增加至20分鐘，加進甜椒也很好吃喔。

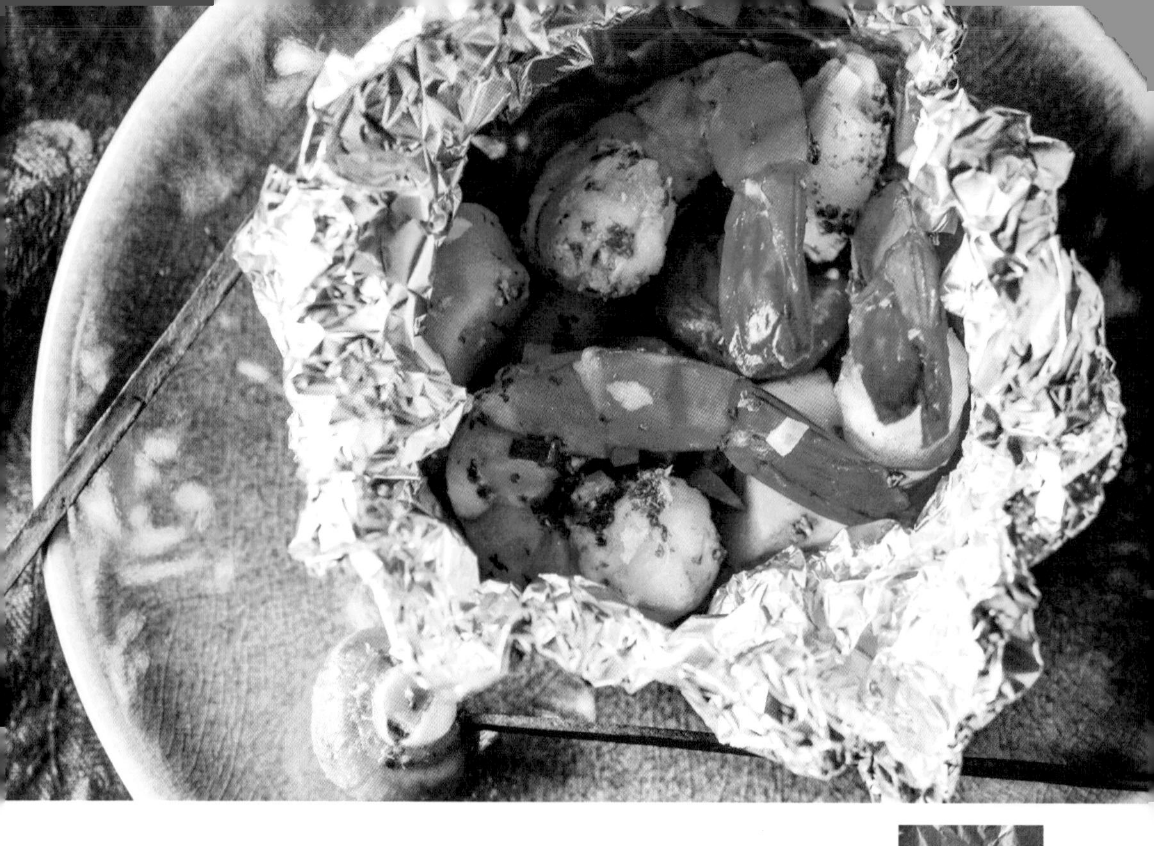

香蒜辣鮮蝦扇貝

使用罐頭鯷魚、 香蒜油製成的香蒜海鮮。

Before

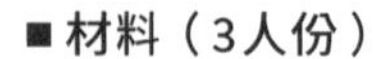

■材料（3人份）

鮮蝦…9隻
扇貝…150g
鹽巴、黑胡椒…各少許
蘑菇…9個
Ⓐ
- 蒜末…1瓣的分量
- 紅辣椒…1/2根（去籽後切成圓片）
- 罐頭鯷魚…1片（切碎）

橄欖油…3大匙
香芹末…1大匙

■做法（一人份單獨包裝）

烤箱以200℃預熱。

前置處理 ①鮮蝦去殼，去除背部沙腸；鮮蝦、扇貝以鹽巴、黑胡椒調味；蘑菇去根部。

包裹 ②在飯碗中鋪好鋁箔紙，放上1/3分量的❶，撒上1/3分量的Ⓐ，繞圈淋上1大匙橄欖油後包起來；接著製作另外兩份。

烘烤 ③放進預熱好的烤箱中烘烤15分鐘。完成後撒上香芹。

烤箱 200°C 15min.
使用鋁箔紙或是烘焙紙

平底鍋 小火 15min.
加水、使用鋁箔紙

建議包法
糖果包法

起司烤馬鈴薯

迷迭香的香氣和生火腿的鹹味是味道高雅的秘密。

Before

■材料（3人份）

馬鈴薯…3個
鹽巴、黑胡椒…各少許
生火腿…20g
橄欖油…2小匙
披薩用起司…60g
迷迭香…少許

■做法（3人份包成一包）

烤箱以200℃預熱。

前置處理 ①馬鈴薯削皮後切成3公厘的薄片，稍微沖水後把水氣擦乾。

包裹 ②把❶平鋪在長約70公分的烘焙紙上，用鹽巴、黑胡椒調味。生火腿切成一口大小後撒於其上，繞圈淋上橄欖油，整體均勻撒上起司和切成1公分長的迷迭香後包起來。

烘烤 ③放進預熱好的烤箱中烘烤30分鐘。

烤箱 200°C 30min.
使用鋁箔紙或是烘焙紙

平底鍋 小火 30min.
加水、使用鋁箔紙

建議包法
豪華包法

烤藥膳雞肉

使用價格合理、高營養價值的中華食材製作簡單藥膳料理。

Before

■材料（3人份）

雞腿肉…1又1/2片

Ⓐ
- 鹽巴、黑胡椒…各少許
- 醬油…1又1/2大匙
- 蠔油、麻油…各1/2大匙
- 砂糖…3/4小匙

紅棗…6個
乾香菇…6個
水煮竹筍…150g
生薑…1片

Ⓑ
- 枸杞…1/2大匙
- 八角…3個
- 栗子…9個
- 松子…1/2大匙

■做法（一人份單獨包裝）

烤箱以200℃預熱。

前置處理 ①紅棗泡溫水回復；乾香菇泡水膨脹後切掉蕈柄、竹筍切成扇狀、生薑切薄片。
②雞肉切成一口大小，均勻沾裹Ⓐ後靜置10分鐘。

包裹 ③將1/3份的❷擺在烘焙紙上，接著疊上1/3份的❶，撒上1/3份的Ⓑ後包起來；接著製作另外兩份。

烘烤 ④放進預熱好的烤箱中烘烤15分鐘。

烤箱 200°C 15min.
使用鋁箔紙或是烘焙紙

平底鍋 小火 15min.
加水、使用鋁箔紙

建議包法
四角馬尾包法

烤肉卷

就算沒有模型也能做！切口也色彩鮮豔、 非常漂亮！

Before

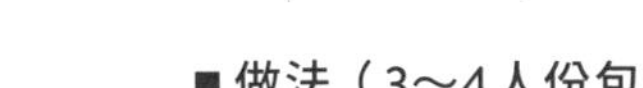

■材料（3～4人份）

Ⓐ
- 牛豬綜合絞肉…400g
- 鹽巴…1/3小匙
- 黑胡椒、肉荳蔻…各少許
- 雞蛋…1個
- 生麵包粉…4大匙
- 番茄醬…1又1/2大匙
- 醬油…1小匙

Ⓑ
- 洋蔥末…80g
- 蒜頭薄片…1片（切末）
- 奶油…2小匙

四季豆…60g
黃、紅甜椒…各1/4個
培根…5片

■做法（3～4人份包成一包）

烤箱以200℃預熱。

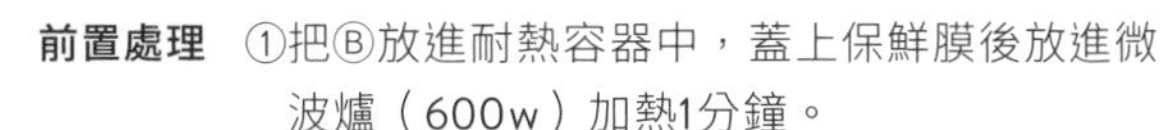

前置處理 ①把Ⓑ放進耐熱容器中，蓋上保鮮膜後放進微波爐（600w）加熱1分鐘。
②四季豆去蒂，用保鮮膜包起來後放進微波爐（600w）加熱40秒；甜椒切粗絲。
③把Ⓐ放進大碗中攪拌，加進❶後繼續攪拌。

包裹 ④把培根並排在鋁箔紙上，將❸平鋪於其上，接著均勻放上❷。把鋁箔紙捲起來，整形成圓柱狀。

烘烤 ⑤放進預熱好的烤箱中烘烤35分鐘，烤好拿出來放涼後再切塊。

烤箱	200°C 35min.	平底鍋	小火 30min.	建議包法
使用鋁箔紙		不加水、加蓋烘烤，過 15 分鐘後要翻面。使用鋁箔紙。		 糖果包法

烤牛肉

→做法詳見P.100

烤紙包
義大利水煮魚

→做法詳見P.101

180°C

烤箱 20min.

使用鋁箔紙

烤牛肉

建議包法
豪華包法

藉由紙包蒸煮的方法， 可以烹煮出不乾、 不柴、軟嫩多汁的絕品烤牛肉。
蔬菜也可同時烘烤也是紙包料理讓人開心的優點。

■材料（4人份）

牛腿肉（肉塊）…400g
鹽巴a…1/2小匙
黑胡椒a…少許
小洋蔥…5個
西洋芹…1/2根
紅蘿蔔…1小根
蒜頭…1/2瓣
奶油…1小匙
鹽巴b…1/5小匙
黑胡椒b…少許
沙拉油…1小匙
Ⓐ
- 迷迭香…1枝
- 百里香…少許
- 月桂葉…1片

醬汁
橄欖油…1小匙
Ⓑ
- 蒜末…1/4瓣分量
- 義大利香醋…1又1/2大匙
- 醬油…1大匙
- 黑胡椒…少許

西洋菜…少許

■做法（4人份包成一包）

前置處理 ①烹煮前1小時先把牛肉從冰箱拿出來置於室溫回溫，用鹽巴a、黑胡椒a調味；烤箱以180℃預熱。

②小洋蔥對半切，西洋芹去粗纖維後切條，紅蘿蔔也切條，蒜頭切成一半厚度。

③用平底鍋熱奶油，加入小洋蔥、西洋芹、紅蘿蔔迅速拌炒，接著用鹽巴b、黑胡椒b調味；平底鍋稍微清洗一下之後再度加熱倒入沙拉油，將牛肉表面煎到上色。

包裹 ④在烤盤上鋪上長約70公分的鋁箔紙，把牛肉置於中央，四周擺滿蔬菜，放上蒜頭、Ⓐ之後包起來。

烘烤 ⑤放進預熱好的烤箱中烘烤20分鐘。從烤箱中取出後靜置20分鐘。

⑥熱好平底鍋後倒入橄欖油，把Ⓑ的蒜末炒到變色後加入Ⓑ剩下的材料使其煮至沸騰。把肉及蔬菜盛盤後，旁邊佐以醬料以及西洋菜。

Before

Memo

一起烘烤的蔬菜當然可以依自己喜好做調整，如果沒有小洋蔥的話，改成切成月牙形八等分的洋蔥也很好吃。這道料理無法使用平底鍋烘烤。

烤箱 200°C 20min. 使用鋁箔紙

平底鍋 小火 20min. 加水、使用鋁箔紙

建議包法 豪華包法

烤紙包義大利水煮魚

使用整隻魚烹煮出的豪華料理，
使用黑、綠兩種橄欖，
可以增添打開紙包時的華麗視覺享受。

■材料（3人份）

三線磯鱸…1大條 ＊也可以購買已經去除內臟的魚。
鹽巴a…1/2小匙
黑胡椒…少許
蛤蠣…200g
小番茄…6個
蒜頭…1/2瓣
黑、綠橄欖…各3個
續隨子…1小匙
百里香…2枝
鹽巴b、黑胡椒b…各少許
Ⓐ 白酒…2大匙
　 橄欖油…1大匙
義大利芫荽…少許

■做法（3人份包成一包）

烤箱以200℃預熱。

前置處理 ①三線磯鱸去魚鱗、去魚鰓、去內臟之後水洗乾淨，擦乾後用鹽巴a、黑胡椒a調味。

②蛤蠣連殼一起互相搓洗乾淨，小番茄去蒂。

包裹 ③在烤盤上鋪上長約70公分的鋁箔紙，放上❶、❷、蒜頭、橄欖、續隨子，用鹽巴b、黑胡椒b調味，繞圈淋上Ⓐ，放上百里香後包起來。

烘烤 ④放進預熱好的烤箱中烘烤20分鐘。最後撒上切碎的義大利芫荽。

Memo

除了三線磯鱸之外，也可以使用竹筴魚、沙丁魚、金線魚或是褐菖鮋製作，也可以用白肉魚肉片製作。此時的烘烤時間為20分鐘。

烤箱 180°C 40min.
使用鋁箔紙或是烘焙紙

建議包法
豪華包法

烤杏桃豬肉卷

**捲在肉卷中的酸甜杏桃乾，
在蒸烤過後軟嫩得恰到好處，和豬肉非常對味。
也別忘了搭配顆粒黃芥末醬享用。**

■材料（4人份）

豬肩裡脊肉（肉塊）…400g
杏桃乾…6個

Ⓐ
- 鹽巴…1/2小匙
- 黑胡椒…少許
- 檸檬汁…1大匙
- 橄欖油…2小匙
- 蒜頭…1/2瓣
- 迷迭香、百里香、藥用鼠尾草…各少許（用手邊現有的材料即可）
- 丁香…1個

紫色高麗菜…300g
奶油…2小匙

Ⓑ
- 凱莉茴香…少許
- 鹽巴、黑胡椒…各少許

顆粒黃芥末醬…適量

■做法（4人份包成一包）

烤箱以180℃預熱。

前置處理 ①用菜刀從豬肉塊兩側往中間切開（a），接著塞入杏桃乾（b）。在塑膠袋內放入均勻混合的Ⓐ和豬肉稍微揉捏，接著擺在室溫中2～3小時使其入味（c）。

②紫色高麗菜切成隨意大小。在平底鍋上熱奶油，炒高麗菜，加入Ⓑ拌炒後取出。平底鍋稍微沖洗之後再度熱鍋，將豬肉表面煎出金黃色。

包裹 ③在烤盤上鋪上長約70公分的鋁箔紙，放上❷的豬肉，把醃漬醬料中的蒜頭、迷迭香、百里香、鼠尾草、丁香放在豬肉上，周圍擺上炒過的高麗菜後包起來。

烘烤 ④放進預熱好的烤箱中烘烤40分鐘。從烤箱中取出靜置20分鐘後再分切盛盤，一旁擺上顆粒黃芥末醬。

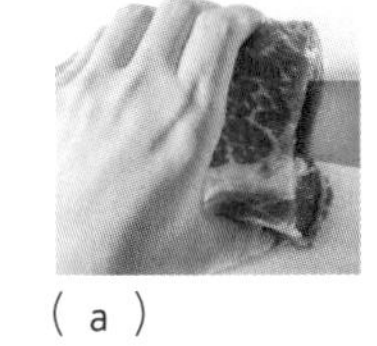

（a）

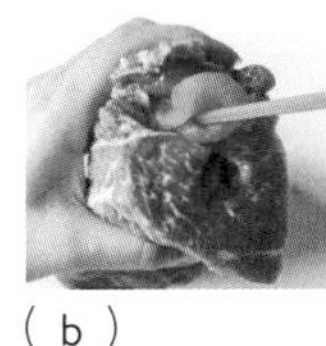

（b）

（c）

Before

Memo

一旁搭配的紫色高麗菜口感較硬且帶有苦味，所以稍微炒過後再和肉一起包起來烘烤是把它處理得更好吃的小秘訣。這道料理無法使用平底鍋烘烤。

紙包烤異國風味鮮魚料理

最後擠上的萊姆是調味的一大重點。

Before

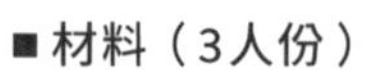

■材料（3人份）

白肉魚片（鯛魚或鱸魚等等）…3片
鹽巴、黑胡椒…各少許
青江菜…1大株
日本大蔥…1根
紅甜椒…1/4個
杏鮑菇…2根
玉米筍…6根
Ⓐ
- 魚露…1大匙
- 砂糖…1小匙
- 紅辣椒…1/2根（去籽切圓片）
- 麻油…1小匙

香菜、萊姆…各適量

■做法（一人份單獨包裝）

烤箱以200℃預熱。

前置處理 ①魚肉用鹽巴、黑胡椒調味；青江菜和日本大蔥切成3公分長、甜椒切絲、杏鮑菇蕈柄切圓片、蕈傘切成月牙形、玉米筍縱向對半切。
②把Ⓐ均勻混合。

包裹 ③把1/3分量的❶放在烘焙紙上，繞圈淋上1/3分量的Ⓐ後包起來；接著製作另外兩份。

烘烤 ④放進預熱好的烤箱中烘烤15分鐘。一旁佐以切成2公分長的香菜和切成月牙形的萊姆。

烤箱 200°C 15min.
使用鋁箔紙或烘焙紙

平底鍋 小火 15min.
加水、使用鋁箔紙

建議包法
卡爾佐內包法

Chapter

5

冷凍常備紙包料理

在本章向大家介紹「冷凍紙包常備菜」。不是所有食材都能製作成美味的常備菜，因為在冷凍後，蔬菜的纖維會因為冷凍斷裂，在加熱時釋放出大量水分，所以只要使用的食材和分量錯誤就會失敗。
在此向大家介紹多次研究後，我認為是「絕佳比例！」的食譜。「紙包冷凍」後能讓食物更加入味，所以非常適合拿來當便當菜。
此外，在「冷凍常備紙包料理」章節中介紹的料理，使用平底鍋製作時皆不加水。本章的料理皆可在冷凍庫中存放三週。

■冷凍時的包法

基本上使用基本包法（P.8），只不過要把紙包內的空氣全部排出後整平。冷凍後紙包的邊角容易磨破，所以可以先擺在淺盤內後再放進冷凍庫中，注意別和其他物品碰撞。

210°C
30min.
烤箱
使用鋁箔紙

小火
20min.
平底鍋
不加水、使用鋁箔紙

建議包法
基本包法

柚子胡椒
烤美乃滋醃漬雞胸肉

利用美乃滋的油分油漬雞胸肉後，
能讓雞肉口感變得溫潤，做出軟嫩多汁的成品。
利用柚子胡椒和醬油做出絕佳調味。

■材料（2人份）

雞胸肉…200g

Ⓐ
- 鹽巴…少許
- 柚子胡椒…1/4小匙
- 美乃滋…3大匙
- 醬油…1小匙

小松菜…100g
日本大蔥…6公分

■做法（一人份單獨包裝）

前置處理 ①雞肉切成一口大小，接著沾裹Ⓐ。
②小松菜切成3公分長，日本大蔥先對半橫切後再對半縱切。

包裹後冷凍 ③把半份的❶和❷放在鋁箔紙上，把空氣排出後整平包起來，放進冷凍庫冷凍；接著製作另外一份。

烘烤 ④從冰箱取出後不須解凍，直接放進以210℃預熱好的烤箱中烘烤30分鐘。

Before

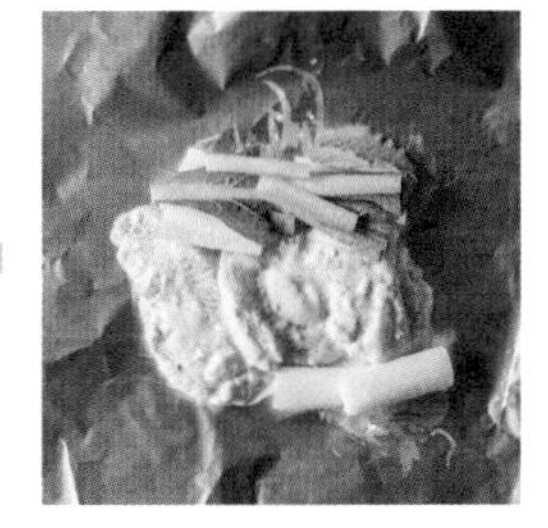

Memo

因為小松菜是很容易出水的蔬菜，所以請別使用超過食譜上建議的分量。

烤香蒜味噌鰤魚

這是一道和蒜頭、 牛蒡絲一起製作的料理。

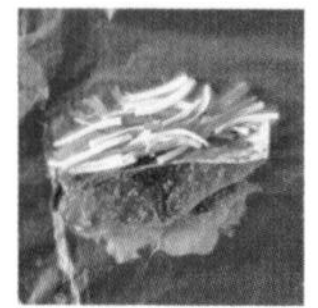
Before

■ **材料（2人份）**

鰤魚…2片

Ⓐ
- 味噌…2+1/2小匙
- 味醂…1小匙
- 蒜末…少許

牛蒡…50g

紅蘿蔔…30g

■ **做法（一人份單獨包裝）**

前置處理 ①牛蒡切絲，稍微過水後把水擦乾；紅蘿蔔切絲。

②把Ⓐ均勻混合之後，沾裹在鰤魚上。

包裹後冷凍 ③把半份的❶和❷放在鋁箔紙上，把空氣排出後整平包起來，放進冷凍庫冷凍；接著製作另外一份。

烘烤 ④從冰箱取出後不須解凍，直接放進以210℃預熱好的烤箱中烘烤30分鐘。

烤箱 210°C 30min. 使用鋁箔紙

平底鍋 小火 20min. 不加水、使用鋁箔紙

建議包法 基本包法

薑燒味噌豬肉

經典料理的薑燒豬肉， 加上味噌後創造出更加濃郁的風味。

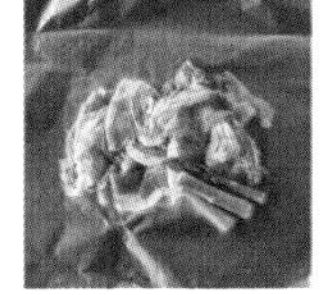

Before

■材料（2人份）

薑燒豬肉用豬肉…200g

Ⓐ
- 薑泥…1/4拇指指節大小的量
- 味噌…2又1/2小匙
- 味醂…1又1/2小匙

綠蘆筍…2根

■做法（一人份單獨包裝）

前置處理
①每片豬肉對半切；把Ⓐ均勻混合之後，沾裹在豬肉片上。
②綠蘆筍切去老硬部分及削去硬外皮後，切成三等分。

包裹後冷凍
③把半份的❶和❷放在鋁箔紙上，把空氣排出後整平包起來，放進冷凍庫冷凍；接著製作另外一份。

烘烤
④從冰箱取出後不須解凍，直接放進以210℃預熱好的烤箱中烘烤30分鐘。

烤箱 210°C 30min.
使用鋁箔紙

平底鍋 小火 20min.
不加水、使用鋁箔紙

建議包法
基本包法

烤蠔油醃漬甜椒玉米牛肉

沾裹微甜醬料的肋骨肉， 相當受到男性及小孩歡迎。

Before

■材料（2人份）

烤肉用牛肉…200g

Ⓐ
- 黑胡椒…少許
- 蠔油…1又1/2小匙
- 醬油…1/2小匙
- 砂糖…1/2小匙
- 蒜末…少許

紅甜椒…1/2個

玉米粒…40g

＊使用冷凍玉米時要解凍。

■做法（一人份單獨包裝）

前置處理 ①把牛肉均勻沾裹Ⓐ；紅甜椒切成四等分。

包裹後冷凍 ②把半份牛肉、紅甜椒和玉米粒放在鋁箔紙上，把空氣排出後整平包起來，放進冷凍庫冷凍；接著製作另外一份。

烘烤 ③從冰箱取出後不須解凍，直接放進以210℃預熱好的烤箱中烘烤30分鐘。

烤箱 210°C 30min.
使用鋁箔紙

平底鍋 小火 20min.
不加水、使用鋁箔紙

建議包法
基本包法

和風烘肉卷

混合切碎蔬菜製成的健康烘肉卷。

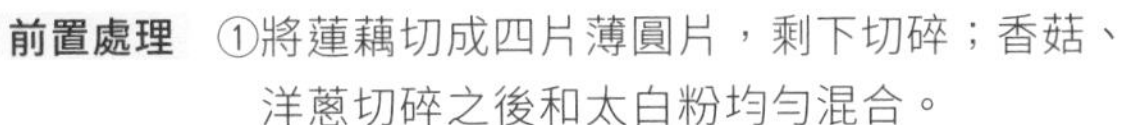

Before

■材料（2人份）

雞絞肉…150g

Ⓐ
- 薑汁…1/2小匙
- 鹽巴、黑胡椒…各少許
- 醬油…1又1/2小匙
- 酒…1小匙

蓮藕…80g
香菇…1朵
洋蔥…30g
太白粉…2小匙
白芝麻粉…2小匙

■做法（一人份單獨包裝）

前置處理
①將蓮藕切成四片薄圓片，剩下切碎；香菇、洋蔥切碎之後和太白粉均勻混合。
②把雞絞肉和Ⓐ一起放進大碗中，攪拌至出現黏性為止，接著把切碎的蔬菜和芝麻粉加進去一起攪拌。

包裹後冷凍
③在鋁箔紙上塗上少許沙拉油（食譜分量外），把半份❷至於其上，整形成厚1.5公分的長方體，接著擺上兩片蓮藕，整平包起來，放進冷凍庫冷凍；接著製作另外一份。

烘烤
④從冰箱取出後不須解凍，直接放進以210℃預熱好的烤箱中烘烤30分鐘。

烤箱 210°C 30min.
使用鋁箔紙

平底鍋 小火 20min.
不加水、使用鋁箔紙

建議包法
基本包法

烤香草油漬鮭魚

享受簡單調味及香草香氣呈現出的美味。

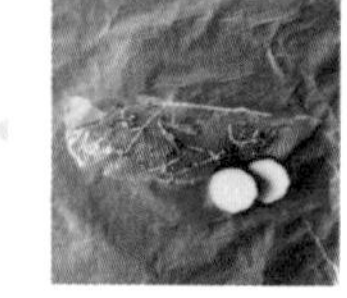

Before

■材料（2人份）

生鮭魚…日切2片
鹽巴…1/4小匙
黑胡椒…少許
Ⓐ 橄欖油…2小匙
百里香、迷迭香…各少許
香芹末…1小匙
櫛瓜…1/4根

■做法（一人份單獨包裝）

前置處理 ①將櫛瓜切成約4公厘厚的薄圓片；鮭魚以鹽巴、黑胡椒調味，均勻沾裹Ⓐ。

包裹後冷凍 ②在鋁箔紙上擺上半份鮭魚和櫛瓜，把空氣排出後整平包起來，放進冷凍庫冷凍；接著製作另外一份。

烘烤 ③從冰箱取出後不須解凍，直接放進以210℃預熱好的烤箱中烘烤30分鐘。

烤箱 210°C 30min.
使用鋁箔紙

平底鍋 小火 20min.
不加水、使用鋁箔紙

建議包法
基本包法

咖哩優格醃烤鯖魚

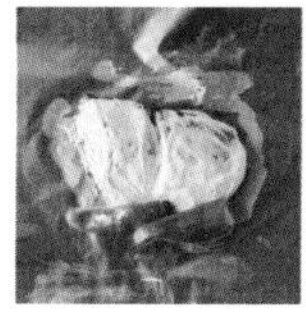

Before

使用咖哩風味的優格美乃滋做出印度風味。

■ **材料（2人份）**

鯖魚…2片
鹽巴…1/2小匙
黑胡椒…適量
Ⓐ
- 咖哩粉…1小匙
- 原味優格…1大匙
- 美乃滋…1小匙
- 蒜泥、薑泥…各少許

青椒…1個

■ **做法（一人份單獨包裝）**

前置處理 ①將鯖魚片對半切，用1/4小匙鹽巴、少許黑胡椒調味；鯖魚均勻沾裹攪拌混合過的Ⓐ；青椒縱切成四等分。

包裹後冷凍 ②在鋁箔紙上擺上半份鯖魚和青椒，把空氣排出後整平包起來，放進冷凍庫冷凍；接著製作另外一份。

烘烤 ③從冰箱取出後不須解凍，直接放進以210℃預熱好的烤箱中烘烤30分鐘。

烤箱 210°C 30min.
使用鋁箔紙

平底鍋 小火 20min.
不加水、使用鋁箔紙

建議包法
基本包法

蒸烤辣醬鮮蝦

冰箱常備受歡迎的正統中華料理，
這真讓人感到開心呢！

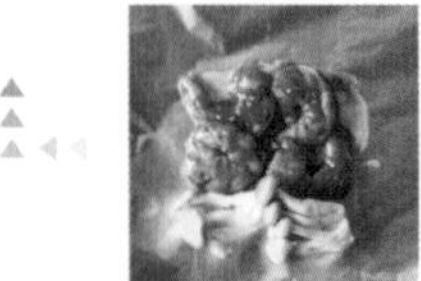

Before

■材料（2人份）

鮮蝦…200g

Ⓐ
- 鹽巴、黑胡椒…各少許
- 酒…1大匙
- 太白粉…1又1/2小匙

Ⓑ
- 豆瓣醬…1/4小匙
- 蒜末…少許
- 薑末…少許
- 番茄醬…2大匙
- 麻油…1小匙
- 醬油…1小匙

鴻喜菇…80g

■做法（一人份單獨包裝）

前置處理 ①鮮蝦剝殼、切開蝦背去除沙腸，把Ⓐ均勻混合，接著把Ⓑ加進去繼續混合；鴻喜菇去根部後分小朵。

包裹後冷凍 ②在鋁箔紙上擺上半份❶，把空氣排出後整平包起來，放進冷凍庫冷凍；接著製作另外一份。

烘烤 ③從冰箱取出後不須解凍，直接放進以210℃預熱好的烤箱中烘烤30分鐘。

烤箱 210°C 30min.

使用鋁箔紙

平底鍋 小火 20min.

不加水、使用鋁箔紙

建議包法
基本包法

香味醬油醃烤旗魚

日式風味的食譜，利用紅辣椒增添辣味、
用芝麻粉增添濃郁風味。

Before

■材料（2人份）

旗魚…2片

Ⓐ
- 醬油…2小匙
- 砂糖…1/2小匙
- 日本大蔥蔥末…1小匙
- 蒜末…少許
- 芝麻粉…1小匙
- 辣椒粉…少許
- 麻油…1/2小匙

香菇…2朵

■做法（一人份單獨包裝）

前置處理 ①旗魚對半切，接著均勻沾裹攪拌混合過的Ⓐ；香菇切成1公分厚的薄片。

包裹後冷凍 ②在鋁箔紙上擺上半份旗魚和香菇，把空氣排出後整平包起來，放進冷凍庫冷凍；接著製作另外一份。

烘烤 ③從冰箱取出後不須解凍，直接放進以210℃預熱好的烤箱中烘烤30分鐘。

烤箱 210°C 30min. 使用鋁箔紙

平底鍋 小火 20min. 不加水、使用鋁箔紙

建議包法
基本包法

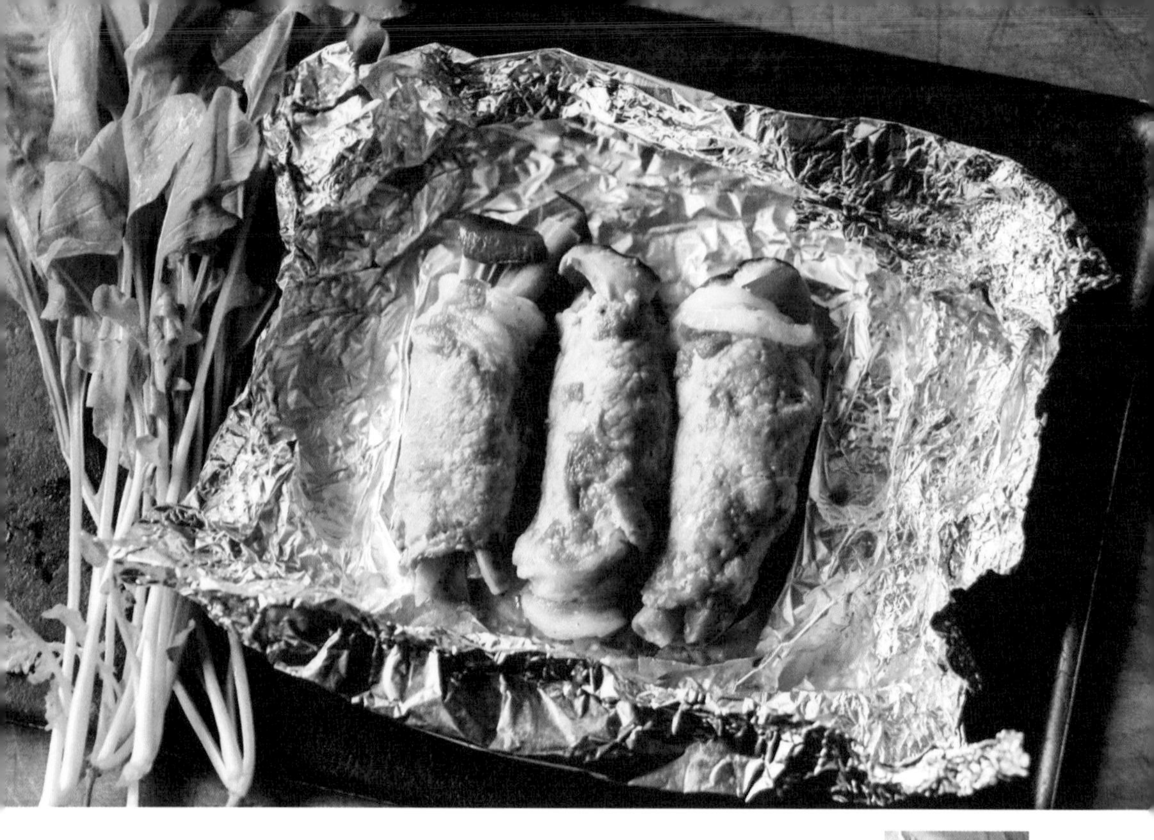

烤蔬菜肉卷

非常適合當便當菜的料理，可以隨意捲進喜愛的蔬菜！

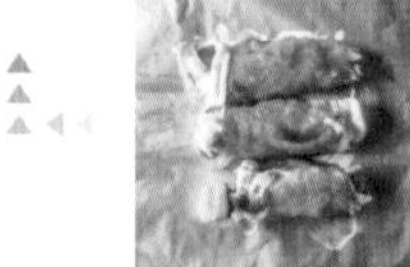
Before

■材料（2人份）

豬肉片…150g
鹽巴、黑胡椒…各少許
杏鮑菇…1根
紅甜椒…1/6個
四季豆…4根
Ⓐ
- 梅肉…1/2個梅子的量
- 醬油…2小匙
- 味醂…1小匙

■做法（一人份單獨包裝）

前置處理
①豬肉用鹽巴、黑胡椒調味；杏鮑菇和甜椒切絲、四季豆用熱水燙過後對半切；將Ⓐ均勻混合。
②把蔬菜擺在豬肉片上捲起來，均勻沾裹Ⓐ。

包裹後冷凍
③在鋁箔紙上擺上半份❷，把空氣排出後整平包起來，放進冷凍庫冷凍；接著製作另外一份。

烘烤
④從冰箱取出後不須解凍，直接放進以210℃預熱好的烤箱中烘烤30分鐘。

烤箱 210°C 30min.
使用鋁箔紙

平底鍋 小火 20min.
不加水、使用鋁箔紙

建議包法
基本包法

Chapter

6

甜點

在本章介紹5道在「想要吃甜點！」時馬上能端上桌的簡單甜點食譜。
每道甜點都不需要特別的材料和技巧，就算是不常做甜點的人，也能輕鬆嘗試，請運用在下午茶時間上吧。

香蕉麵包布丁

→做法詳見P.120

香蕉核桃蛋糕

→做法詳見P.121

200°C

烤箱 13min.

使用鋁箔紙或是烘焙紙

小火

平底鍋 13min.

加水、使用鋁箔紙

建議包法

基本包法

香蕉麵包布丁

變硬的木棍麵包也能搖身一變成美味甜點！
只需要把麵包切一切和液體材料均勻混合即可完成，
所以就算有點餓了也能迅速完成。

■材料（2人份）

香蕉…1根

木棍麵包…60g

Ⓐ
- 雞蛋…1顆
- 牛奶…150ml
- 砂糖…3大匙
- 香草精…少許

葡萄乾…2大匙

奶油…少許

■做法（一人份單獨包裝）

烤箱以200℃預熱。

前置處理 ①木棍麵包切成一口大小，把Ⓐ放進大碗中均勻混合後，把木棍麵包泡進去。

②香蕉切成圓片、葡萄乾用熱水沖洗後放進大碗裡一起混合。

包裹 ③鋁箔紙塗上一層薄薄奶油，鋪在容器上，把半份❷倒進去後包起來；接著製作另外一份。

烘烤 ④放進預熱好的烤箱中烘烤13分鐘。

Before

Memo

為了避免調味液到處流，可以先把鋁箔紙放在直徑約10公分左右的容器上，接著倒進材料後再包起來，這會比較讓人安心。

烤箱 180°C 18min.

使用鋁箔紙或是烘焙紙

平底鍋 小火 18min.

不加水、使用鋁箔紙。中途翻面。

建議包法 基本包法

香蕉核桃蛋糕

不管是形狀還是味道，
都讓人聯想懷舊昭和風味的點心，
使用鬆餅粉就能簡單製作這點也讓人很開心。

■材料（10個份）

香蕉…1根
核桃…40g
砂糖…50g
雞蛋…1顆
鬆餅粉…150g
融化奶油…40g

■做法（一個單獨包裝）

前置處理 ①把核桃放進以150℃預熱好的烤箱中烤10分鐘，放涼之後敲碎；烤箱立刻調整至180℃預熱。

②香蕉放進大碗中，用叉子搗碎，加入砂糖後用打蛋器攪拌，接著將雞蛋、鬆餅粉、核桃、融化奶油依序加入，每加一項材料都要先攪拌後再加下一種材料（不可以全部都放進去後才攪拌）。

包裹 ③將鋁箔紙裁切成15公分的正方形，稍微塗上一點奶油（食譜分量外），接著用湯杓舀起1/10分量的❷倒在鋁箔紙上後包起來；接著製作其他九份。

烘烤 ④放進預熱好的烤箱中烘烤18分鐘。

Before

Memo

要點在於要先將核桃烤出香氣，只要省略這個步驟就會讓美味大打折扣，也建議大家可以依自己喜好加葡萄乾。

椰奶烤南瓜

將受女性歡迎的南瓜甜點製作成南洋風味！

Before

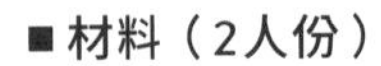

■材料（2人份）

南瓜…150g
（去籽、去絲後的淨重）

Ⓐ
- 砂糖…1大匙
- 鮮奶油…2大匙
- 椰子粉…1/2大匙

■做法（一人份單獨包裝）

烤箱以200℃預熱。

前置處理 ①南瓜切成厚1.5公分的月牙形；把Ⓐ均勻混合。

包裹 ②把半份南瓜排在烘焙紙上，淋上半份Ⓐ後包起來；接著製作另外一份。

烘烤 ③放進預熱好的烤箱中烘烤15分鐘。

烤箱 200°C 15min.
使用鋁箔紙或是烘焙紙

平底鍋 小火 15min.
加水、使用鋁箔紙

建議包法
糖果包法

烘烤糖煮無花果

熱熱的無花果搭配冰涼的冰淇淋一起吃。

Before

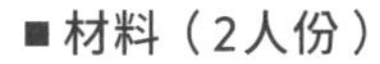

■材料（2人份）

無花果…3個
檸檬切片…2片
Ⓐ
- 砂糖…1大匙
- 檸檬汁…2小匙
- 白酒…1小匙

香草冰淇淋…適量

■做法（一人份單獨包裝）

烤箱以200℃預熱。

前置處理 ①無花果剝皮後對半切；把Ⓐ均勻混合。

包裹 ②把半份無花果和一片檸檬切片擺在鋁箔紙上，淋上半份Ⓐ後包起來；接著製作另外一份。

烘烤 ③放進預熱好的烤箱中烘烤10分鐘，搭配冰淇淋一起享用。

烤箱 200°C 10min.
使用鋁箔紙或是烘焙紙

平底鍋 小火 10min.
加水、使用鋁箔紙

建議包法
基本包法

烤蘋果

丁香微辣的刺激感和蜂蜜十分對味。

Before

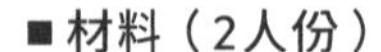

■材料（2人份）

蘋果…小顆2個
蜂蜜…2小匙
橄欖油…2小匙
肉桂棒…4公分
丁香（整粒）…2粒

■做法（一人份單獨包裝）

烤箱以200℃預熱。

前置處理 ①用湯匙等東西挖除蘋果果核。

包裹 ②把一個蘋果放在鋁箔紙上，接著將1小匙蜂蜜、1小匙橄欖油、2公分肉桂棒、1粒丁香依序擺進果核挖空的位置中後包起來；接著製作另外一份。

烘烤 ③放進預熱好的烤箱中烘烤30分鐘。

烤箱 200°C 30min.
使用鋁箔紙或是烘焙紙

平底鍋 小火 30min.
加水、使用鋁箔紙

建議包法
基本包法

主要食材別索引

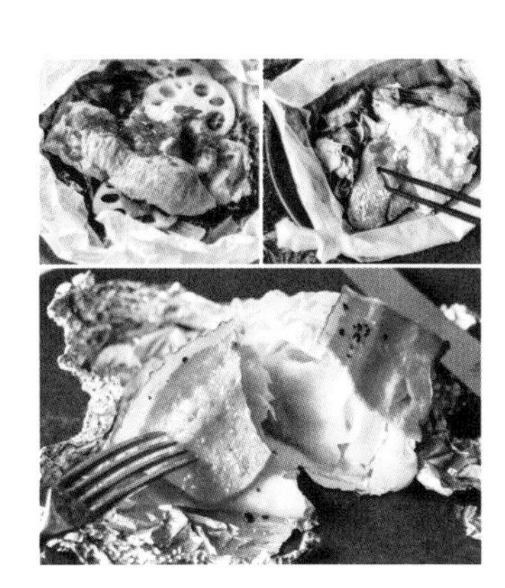

國家圖書館出版品預行編目資料

超簡單!包起來烤就完成：小烤箱、平底鍋也OK!世界第一簡單の紙包料理書 / 岩崎啟子著；林于椁譯. -- 初版. -- 臺北市：皇冠, 2018.06
面； 公分. -- (皇冠叢書；第4698種)(玩味；16)
譯自：ホイルでも!ペーパーでも!包み焼き
ISBN 978-957-33-3381-4(平裝)

1.食譜

427.1　　107008543

皇冠叢書第4698種

玩味 16

超簡單！包起來烤就完成
小烤箱、平底鍋也OK！世界第一簡單の紙包料理書

ホイルでも!ペーパーでも!包み焼き

作　　者—岩崎啟子
譯　　者—林于椁
發 行 人—平雲
出版發行—皇冠文化出版有限公司
台北市敦化北路120巷50號
電話◎02-27168888
郵撥帳號◎15261516號
皇冠出版社(香港)有限公司
香港上環文咸東街50號寶恒商業中心
23樓2301-3室
電話◎2529-1778　傳真◎2527-0904
總 編 輯—龔橞甄
責任主編—許婷婷
責任編輯—陳怡蓁
美術設計—嚴昱琳
著作完成日期—2016年
初版一刷日期—2018年6月
初版二刷日期—2019年10月
法律顧問—王惠光律師

讀者服務傳真專線◎02-27150507
電腦編號◎542016
ISBN◎978-957-33-3381-4
Printed in Taiwan
本書定價◎新台幣320元/港幣107元

• 皇冠讀樂網：www.crown.com.tw
• 皇冠Facebook：www.facebook.com/crownbook
• 皇冠Instagram：www.instagram.com/crownbook1954/
• 小王子的編輯夢：crownbook.pixnet.net/blog